AF131652

www.lenos.ch

Clare Kipps

Clarence und Timmy

Meine Wunderspatzen

*Aus dem Englischen
von Elisabeth Schnack
und Ursula von Wiese*

Mit einem Vorwort von Adolf Portmann

Lenos Verlag

Die Autorin
Clare Kipps (1890–1976) war eine britische Musikerin, Hobby-
ornithologin und während des Zweiten Weltkrieges Angehörige des
Zivilschutzes. Sie lebte in London.

Titel der englischen Originalausgaben:
Sold for a Farthing (London: Frederick Muller 1953)
Timmy. The Story of a Sparrow (London: Arthur Barker 1962)

Deutsche Erstausgaben:
Clarence, der Wunderspatz (Zürich: Arche 1956)
Noch ein Spatz. Timmy (Zürich: Sanssouci 1978)
Für die vorliegende Ausgabe wurde die Übersetzung durchgesehen
und vervollständigt.
Der Verlag erklärt sich nach den üblichen Regularien zur Abgeltung
der Rechte an der deutschen Übersetzung bereit, falls diese nachge-
wiesen werden können.

Clarence

Timmy

Tägliche Lesestunde

Clarence

Aus dem Englischen von Elisabeth Schnack

Dank gebührt Nancy Price für ihre grosszügige Unterstützung dieses Büchleins und dafür, dass sie ihm den Titel gegeben hat.

Dieses Büchlein ist
WALTER DE LA MARE
gewidmet, ohne dessen Ermutigung es nie
geschrieben worden wäre.

Vorwort

Vom Wunderspatzen zum Spatzenwunder

Es ist noch nicht lange her, da hätten die Poeten die Geschichte vom Spatz Clarence gegen die nüchternen Forscher verteidigen müssen – heute müssen die Biologen diese reizende Spatzengeschichte von Mrs. Kipps gegen den skeptisch gewordenen Leser in Schutz nehmen.

So ist es vielleicht nicht gar zu abwegig, in ein paar Bemerkungen anzudeuten, was die Biologen an diesem so warmherzigen Bericht Besonderes finden.

Herzlich und sachlich
Von einem warmherzigen Bericht zu reden, das hätte vor dreissig Jahren genügt, um eine wissenschaftliche Diskussion abzuschneiden, waren doch damals mechanistische Deutungen des Tierlebens Trumpf und das Herzliche in Bann geraten. Wenn heute die Sachlichkeit der Forscher auch Herzlichkeit als wissenschaftliches Problem anerkennt, so ist das nicht eine Mode, sondern es zeugt für eine in vielen Kämpfen errungene neue Position.

Die Wendung ist radikal. Sie beruht auf der Einsicht, dass der physikalisch-chemische Weg zum Lebendigen nur ein Zugang ist und dass es noch einen anderen Weg gibt, der als notwendige Ergänzung das Lebewesen als handelndes Subjekt auffasst, das ein Innenleben hat. Es geht um die Innerlichkeit – um die seltsamste Dimension des Lebendigen, die den Begriffen des raum-zeitlichen physikalisch-chemischen Denkens nicht fassbare. Sie ist das Problem einer neuen biologischen Arbeitsweise, der Verhaltensforschung. Die Geschichte von Clarence ist voll von Tatsachen, welche mitten in diese junge Wissenschaft hineinführen. Nicht zufällig stellt in der Originalausgabe der bekannte englische Biologe Julian Huxley das kleine Werk dem Publikum vor. Er hat ja selbst um 1912 als Pionier durch seine Studien über den Haubentaucher die Verhaltensforschung begründen helfen. – Wir können nur wenige Fragen streifen; Clarence gäbe Stoff für wissenschaftliche Seminarübungen!

Kontaktprobleme

Da ist einmal die Innigkeit der Beziehung zum Menschen, einer Bindung, deren Schilderung manchen Leser als übertrieben anmutet, als unerlaubte Vermenschlichung, als poetische Freiheit. In Wirklichkeit führte diese Darstellung eine besondere Art vor Augen, wie enge Beziehungen zwischen Lebewesen sich formen können. Zwei extreme Fälle begrenzen das weite Feld der Kontaktmöglichkeiten. Da ist einmal das, was man oft als den starren Instinkt absondert: Ererbte Anlagen entwickeln sich zu unveränderlichen Verhaltensweisen, so dass der Organismus nur auf wenige Rollen im Lebensspiel vorbereitet ist. Das ist die Termitenwelt. Clarence-Geschichten gibt es da nicht, dafür phantastische Dinge wie etwa die Umwandlung eines schlichten Arbeitstierchens zu einer Königin! Das andere Extrem: Die Erbanlagen liefern nur ein sehr loses, offenes Kontaktsystem, das, von Erfahrung geleitet, recht verschiedenen Wesen Liebe und Anhänglichkeit zuwenden kann. Dass nicht nur wir selber von dieser zweiten Art sind, das weiss jeder, der mit Hunden oder anderen Säugern zu tun hat. Unter diesen offenen Erbsystemen der Fühlungnahme hat eine Variante die Forscher in jüngster Zeit besonders gefesselt: die sogenannte Prägung. Es gibt in der Entwicklung besonders sensible Perioden; was das Tier in dieser besonderen Zeit sieht, hört oder riecht, wird eventuell entscheidend für seine späteren sozialen Beziehungen. Berühmt ist die Prägung der eben geschlüpften Gänse oder Enten, welche jenes lebende Wesen als Mutter annehmen, das ihnen unmittelbar nach dem Schlüpfen als erstes begegnet. Das Beispiel der Graugänschen, das Prof. Konrad Lorenz dargestellt hat, hat diese Art von Prägung weltbekannt gemacht.

Diese Erscheinung, die zu den grossen Rätseln der Gehirnleistungen gehört, wird zurzeit in vielen Forschungsstätten überprüft. Wie immer in solchen Fällen führt das Ergebnis zu neuen Komplikationen. Wir wissen, dass Prägung auf sehr kurze Zeit beschränkt ist, aber bei verschiedenen Arten verschieden lange durchhält, auch dass sie je nach der Tierart stärker oder schwächer und bald mehr optisch, bald mehr akustisch ist. Besonders empfängliche Zeitpunkte, in denen das Nervensystem prägebereit ist, kann es auch im Leben der Spatzen geben. Die Zeit, wo der Nestling die Augen öffnet und das erste optische Welterleben anhebt, ist sehr wichtig für die Fixierung der Zuwendung, und der Mensch kann sich in dieser Zeit besonders leicht als Mutter in die soziale Welt des Tiers einfügen. Ob bei Clarence mehr die allmähliche Gewöhnung vorliegt oder eine plötzliche, eindrucksstarke frühe Wirkung, also echte Prägung, das müssen die Biologen noch durch Studium ähnlicher Fälle herausbekommen. Wir nehmen es mit der Unterscheidung sehr genau – es ist lange nicht alles wirklich Prägung, was heute zuweilen diesen Namen erhält.

Ich habe in meinen eigenen Beobachtungen Beispiele erlebt, wo diese frühe Festlegung auf den Menschen jede spätere Eingliederung eines Vogels in seine normale Artgruppe unmöglich gemacht hat, wo die Bindung an den Menschen die völlige Entfremdung von der naturgegebenen Sozialgruppe bedeutete. Ob das besondere Stärke einer tief verankerten Gewöhnung, ob es Dauerwirkung einer einmaligen Prägung war, ist schwer zu sagen. Ich erwähne diese Tatsache, um daran zu mahnen, dass die Geschichte von Clarence nicht poetische Übertreibung, sondern eindrückliche Darstellung eines Einzelfalles ist. Der Fall bezeugt aber auch etwas anderes: Die seelische Anlage des kleinen Spatzen arbeitet so sicher, diagnostiziert manche Weltdinge so klar, dass die gewaltigen Grössenunterschiede, die das Vögelchen vom Menschen trennen, den Zwerg nicht hindern, verwandtes Seelenleben des menschlichen Riesen zu erleben und der grossen Mutter Vertrauen zu schenken.

Der Spatz – ein Singvogel

Es ist gewiss nicht die Macht des Gesanges, welche die Zoologen dazu geführt hat, die Spatzen zu den Singvögeln zu zählen! Darum beschäftigen denn auch wenige Einzelheiten des Berichtes den Biologen intensiver als die Geschichte vom einzigartigen Gesang, den Clarence jahrelang zum besten gab. Es ist noch nicht lange her, da hätten die Fachleute diesen Bericht vom Spatzenlied als unglaubwürdige Anekdote abgelehnt – heute analysieren wir im Gegenteil aufmerksam die Erfahrungen von Mrs. Kipps, da uns Clarence hier mitten in ein aktuelles Forschungsfeld führt. Wir wissen seit kurzem – freilich arg vereinfacht gesagt –, dass Singvögel ihren Gesang auf zwei extrem verschiedene Arten ausbilden: Bei den einen (zum Beispiel

17

bei Grasmücken) reift der volle Gesang ohne jedes Vorsingen auch in voller Isolation heran. Erbstrukturen schaffen ganz allein das Lied der Art; kein Lernen, keine Prägung greift ein. Bei anderen aber entscheidet, was sie in einer oft engbegrenzten sensiblen Entwicklungszeit hören – daraus formen sie ihren Gesang. So geht es etwa beim Hauptgesang der Buchfinken. Wir erwarten vom kommenden Studium vieler Vogelarten einen grossen Reichtum an Varianten. Eine davon hat Clarence produziert. Man darf die Biologen nicht überfordern – wir können die von Mrs. Kipps beschriebenen Gesangsleistungen nicht einfach »erklären«. Aber ihr Bericht weist auf Möglichkeiten hin. Sicher gehört der Spatz in die Gruppe derer, deren Gesang nicht erblich festgelegt ist. Also konnten Umwelteinflüsse wirken. Die musikalische Welt ist sicher am Werke, in der Clarence aufwuchs – sie hat den Nachahmungstrieb mächtig anregen können. Da ist aber auch das Fehlen der gewohnten Spatzenwelt, die sonst alle artfremden Anregungen durch die Macht von Gruppeneinflüssen ausschliesst. Es mag im Spatz ein sehr vages allgemeines Erbschema eines Liedes vorhanden sein, das in der Spatzenwelt normal gar nicht ausreift, das aber in neuer Umwelt sich entwickelt. Solche Erscheinungen kennt die Erbforschung da und dort. Das würde uns zeigen, wie wenig »frei« die normale Entwicklung in einer Gruppe ist, wie viele Möglichkeiten eine gegebene Sozialwelt erstickt. Jeder von uns vermochte einst in der Lallperiode seines Säuglingsalters die Lautgebilde so gut wie alle Menschensprachen zu formen, solange uns die »offizielle« Sprache noch nicht dabei störte – später aber verarmt diese freie Gestaltung zur blossen Nachahmung der besonderen Sprache unserer Mitwelt. Der Gesang des trefflichen Clarence mahnt an schwere Probleme alles sozialen Lebens! Das macht uns ja diesen Bericht so bedeutsam, dass er einen Schwarm von Fragen aufscheucht, die uns nachdenklich stimmen. So auch die Frage nach der individuellen Sonderart. Wir wissen durch nüchterne Beobachtung, dass bei manchen Vogelarten gerade im Gesang starke Individualitäten sich äussern, die auch Aussergewöhnliches an Tonfolgen gestalten. Dass Clarence nicht allein ist mit seiner starken Begabung, bezeugt der Bericht einer freundlichen Leserin der *Weltwoche* aus Wien, die bei ihrem Hausspatz ebenfalls ein Lied gehört hat, das Nachahmung anderer Vogellieder enthielt und von der Pflegerin oft vorgepfiffen worden ist.

Das Spatzengemüt

Die Geschichte von Clarence ist die grossartige Demonstration einer Tatsache, die bereits zum Grundbestand der neuen Biologie gehört: der Rolle des Gemütslebens im höheren Tier. Die letzten zwei Jahrzehnte haben diese Rolle zu einem

Mittelpunkt der Verhaltensstudie gemacht, wenn man auch begreiflicherweise lieber nicht von »Gemütsforschung« spricht! Man erkennt, dass nicht nur äussere Anlässe, sondern vor allem der innere Zustand, eine Gesamtlage, jeweils darüber entscheidet, was ein Tier unternimmt. Früher hätte man mild gelächelt über einen Biologen, der von der »Stimmung« eines Tiers gesprochen hätte – noch der berühmte Vorkämpfer mancher moderner Lehren, Jakob von Uexküll, wagte es um 1930 nur mit Vorsicht, von »chemischer Stimmung« zu sprechen, um anzudeuten, dass da Stoffe am Werke sind, die wir als Hormone kennen. Heute gehören Ausdrücke wie Fressstimmung, Schlafstimmung, Brutstimmung etc. zu Alltagswörtern der Verhaltensforschung. Stimmungskataloge werden gefordert so wie früher anatomische Beschreibungen, Stimmungshierarchien werden zusammengestellt, um die Motive tierischen Handelns zu verstehen. Dabei ist Stimmung ein Wort, das dem deutschen Gemüt entstammt, und Franzosen wie Engländer haben ihre liebe Not mit seiner sinngemässen Übersetzung.

Das Tiergemüt kommt zu Ehren; ernsthafte Forscher ergründen seine schwer zugänglichen, unräumlichen Tiefen. Zu diesem Gemütsleben gehört auch das angeborene Bedürfnis nach sozialem Kontakt, der in unserem Fall durch die Freundschaft mit der Pflegerin voll gegeben ist. Wer die

Geschichte von Clarence aufmerksam liest, wird bald der grossen Bedeutung gewahr, wie zentral für diesen Kontakt die menschliche Stimme ist, die stete Gegenwart dieser so wunderbaren Kundgabe des Lebens. Nicht umsonst erscheint uns das Plätschern von Wasser so oft wie vertrautes Geplauder – auch wir bedürfen ja solcher Stimmfühlung sehr (die Rolle des fliessenden Wassers als Auslöser des Gesanges von Clarence wird übrigens im Bericht von Mrs. Kipps deutlich). Ein leises, ruhiges, von Herzen kommendes Plaudern trägt viel zur Gewinnung eines echten Kontaktes mit Tieren (nicht nur mit Tieren) bei. Darüber, ob der Kontakt »gut« ist, entscheidet das Gemüt. Es hat seine Massstäbe, es bestimmt die Wertskala – der Bombenwurf macht keinen Eindruck, das Plaudern der vertrauten Stimme ist alles.

Aber noch andere Gemütswerte demonstriert Clarence: Er hat vertraute Stätten, Orte, die den Gefühlswert eines Heims haben. Er verteidigt sie, an dieser Stelle ist er ein anderer Spatz als draussen in der fremden Welt: Er ist Besitzer, bezeugt Eigentumsgefühle. Das Verteidigen der verschiedenen Heime zeugt dafür, dass der Lebensraum von Clarence seine eigene Struktur hat, dass er Zonen von verschiedenem Gemütswert aufweist. Täglich dringt die Biologie tiefer in diese besondere Wertwelt höherer Tiere ein.

Randbemerkungen

Vielleicht darf der Biologe noch eine winzige Korrektur an dem schönen Büchlein anbringen. Mrs. Kipps sagt, der Jungspatz sei wohl erst einige Stunden alt gewesen, als er gefunden wurde. Darum haben sich auch manche Kenner gewundert, dass die Aufzucht so gut gelungen ist. Ich habe viele solche Vogelkinder grossgezogen und finde in den Angaben von Mrs. Kipps auch einen Hinweis darauf, wieso ihr Werk so gut geraten konnte. Sie sagt, am dritten Tag hätte Clarence die Augen geöffnet. Nun, das ist ein wichtiger Akt im Singvogelleben: er liegt bei Spatzen um den fünften Tag. Clarence war also bei seinem Fall aus dem Nest wenigstens zwei Tage alt. Das konnte Mrs. Kipps nicht wissen, und diese Korrektur vermindert die Treue ihres Berichtes keineswegs. Das kleine Werk ist ein bedeutendes Zeugnis für eine der Grundfunktionen des Lebendigen, für das Wirken von »Sympathie«. Darüber haben die Denker aller Zeiten gesonnen, und die Lebensforscher suchen heute nach den Grundlagen dieses geheimnisvollen Zugangs zum anderen. Der Wunderspatz mahnt an dieses Wunder des Alltags, das wir so oft nicht mehr beachten, weil es überall um uns ist.

Prof. Dr. Adolf Portmann, 1956

Prolog

Ich bin oft und selbst von berühmten Persönlichkeiten wie Walter de la Mare gebeten worden, einen genauen Bericht über das Leben meines Sperlings niederzuschreiben. Trotzdem zauderte ich, es zu tun, weil ich niemanden verleiten wollte, so reizende Geschöpfe gefangenzuhalten – ich finde, wildlebende Vögel sollten ihrer Freiheit nicht beraubt werden.

Da ich nun aber mit der Aufgabe betraut wurde, habe ich mir die grösste Mühe gegeben, getreulich und ohne jede Übertreibung von meinem Spatz zu berichten, denn ich weiss, dass dies kleine Buch erst dadurch wirklich wertvoll wird. Was bei der Deutung seines Verhaltens auf den ersten Blick als zu phantastisch erscheinen mag, ist schliesslich das Ergebnis genauer Beobachtungen; wo ich jedoch unsicher war, ob sein Tun instinktiv, intelligent oder zufällig war, habe ich die Entscheidung dem Leser überlassen.

Ich habe eine einfache Erzählform ohne Anspruch auf literarischen Stil gewählt, weil mir dies der beste Weg zur nüchternen, ungeschminkten Wahrheit schien. Nur in ein paar unwesentlichen Details bin ich von den Fakten abgewichen. Der kleine Vogel war nicht, wie man allgemein glaubte, infolge von Bomben aus dem Nest geschleudert worden. Wahrscheinlich war er verstossen worden, weil er an Fuss und Flügel verkrüppelt war und somit keine Überlebenschancen hatte.

Die Fotografien wurden nach der Krankheit in seinem zwölften Lebensjahr aufgenommen und zeigen die schleppenden Flügel und den zerzausten Schwanz. Ich bedaure es sehr, dass ich nicht schon früher Bilder von ihm machen liess, die ihn ganz auf der Höhe gezeigt hätten. Es ist merkwürdig, dass, obwohl er zu keiner Aufnahme »gestellt« oder in Positur gelockt wurde, er von selbst die zur Illustration passende Haltung, Stimmung und Ausdrucksform fand.

Ich bin von jeher eine Vogelfreundin gewesen. Sooft eins dieser reizenden und geheimnisvollen Geschöpfe auf eine aussergewöhnliche Art auftauchte, kündete es stets – und das ist seltsam, obwohl es der reinste Zufall gewesen sein kann – ein Ereignis an, das von grösster Bedeutung für mein Leben war. Als ich geboren wurde, pickte eine Elster dreimal an die Fensterscheibe, gerade als die Hebamme meldete, das winzige Baby sei ein Mädchen. Meine Mutter hielt es für ein übles Vorzeichen, da sie vor Elstern stets eine merkwürdige Angst hatte, und drei Tage darauf starb sie. Doch mir sind weder Elster noch Rabe als Unglücksboten erschienen. Unter den wildlebenden Singvögeln hatte ich meine Freunde, grüsste regelmässig eine Nachtigall, kein Vogel war mir jedoch ein so treuer und innig geliebter Gefährte wie mein kleiner Haussperling.

Und hier ist nun die Geschichte – nicht die eines Lieblingstieres, sondern die einer Freundschaft zwischen Mensch und Vogel, die sich über viele Jahre erstreckte. Da ich verwitwet bin und allein und verhältnismässig zurückgezogen lebe, hat vielleicht noch nie ein Spatz das Vorrecht gehabt, eine so ausschliessliche Menschengesellschaft zu geniessen (oder zu ertragen), und vermutlich fällt dadurch ein ganz neues Licht auf die Gewohnheiten, das Temperament und die Entwicklungsmöglichkeiten eines der interessantesten und anpassungsfähigsten Vögel.

Mit der gütigen Erlaubnis des Dichters Walter de la Mare führe ich hier seine Beurteilung dieses Buches an, wie er sie mir in einem persönlichen Brief mitteilte: »Es ist so gut wie einzig in seiner Art. Diese Sperlingsbiographie wird, soweit ich bisher in das Buch Einblick genommen habe, ein kleines Juwel, und die Fotografien sind auch erstaunlich und bezeugen aufs herrlichste die Liebe, die zwischen allen Lebewesen, gross und klein, bestehen kann. Dieser Spatz eröffnet allen, die auch nur ein Gran Phantasie besitzen, ein Wunder an Einblick. Man fragt sich immer wieder, wie dieses sprachlose (oder alles andere als sprachlose) Federbällchen eine so grosse Liebe zu einem Menschen hegen *konnte*. Doch hier beginnt das Geheimnis.«

1

Das Findelkind

Der 1. Juli 1940 war, wenn ich mich auf mein Gedächtnis verlassen kann, ein trüber und etwas kühler Tag für diese Jahreszeit, besonders in einem Jahr, das wegen seiner wolkenlosen Mittagsstunden noch geschichtliche Berühmtheit erlangen sollte. Auf den Sitzkrieg waren in Europa verheerende Ereignisse gefolgt, doch vorerst nur auf dem Festland, während der Feind unser Land geheimnisvollerweise noch verschonte. Die bitteren Monate eines harten Winters waren wir über die vereisten Strassen gestapft und hatten in der unheimlichen Stille der Verdunkelung auf Bomben gewartet, die nie fielen. Diese Zeit der Stille sollte sich, obwohl wir es damals nicht wussten, bald in die wütenden Angriffe des Blitzkrieges verwandeln, doch bis dahin war es die Pflicht des Zivilschutzes – bzw. der Air Raid Precautions, wie man ihn damals nannte –, wachsam zu sein und zu warten.

Ich hatte den ganzen Tag über auf einem Posten in der Nachbarschaft Dienst getan und bemerkte, als ich heimkehrte, auf der Türschwelle meines kleinen Bungalows in einem Londoner Vorort ein winziges Vögelchen, das entweder aus dem Nest gefallen oder hinausbefördert worden war. Es musste frisch geschlüpft sein, vermutlich innerhalb der letzten paar Stunden, und war nackt, blind, glotzäugig und anscheinend ohne eine Spur von Leben.

Da ich fand, dass etwas unternommen werden müsse, wenn einem ein Neugeborenes auf die Schwelle gelegt wird, hob ich es auf, wickelte es in warmen Flanell und setzte mich damit ans Kaminfeuer, wo ich mich mehrere Stunden lang abmühte, es ins Leben zurückzurufen. Als es mir gelungen war, den weichen Schnabel zu öffnen – eine Operation, die behutsame Finger und ungeheure Geduld erforderte, wollte ich Verletzungen vermeiden –, hielt ich ihn mit einem Streichholz offen und träufelte alle paar Minuten einen Tropfen warme Milch in die kleine Kehle. Nach einer halben Stunde gewahrte ich, wie sich einer der beiden häutigen Flügel ein wenig rührte, obwohl der Körper noch ganz kalt war. Ich gab ihm daher bei der letzten Fütterung auch noch ein Krümchen eingeweichtes Brot und legte das Tierchen sanft in einen kleinen Puddingnapf, den ich mit Wolle auspolsterte und bedeckte. So stellte ich es in den Trockenschrank. Dann ging ich zu Bett und war überzeugt, dass es in der Nacht sterben würde.

Zu meiner Verwunderung hörte ich am nächsten Morgen einen schwachen, anhaltenden Ton, der vom Trockenschrank her kam – einen unglaublich feinen und doch glücklichen Ton, etwa so, wie ihn eine Stecknadel hervorbringen würde, wenn sie singen könnte; und da lag das kleine Geschöpfchen in seiner Porzellanwiege und war warm und munter und verlangte ein Frühstück.

Von nun an blieb sein Schnabel selten geschlossen; und da der Spatz ständig gefüttert werden musste, nahm ich ihn in seinem Napf mit auf den Posten, wo auch er seiner Heimat diente, indem er uns während der langen Wartezeit ein nicht endendes Vergnügen bereitete. Ich fütterte ihn mit eingeweichtem Brot, unter das ich Weizenkeime, hartes Eigelb und einen Tropfen Lebertran mischte, es wurde ihm häufig und in kleinsten Mengen mit einem sorgfältig gespitzten Streichholz sanft in die Kehle geschoben. Obwohl die Kinder aus der Nachbarschaft dauernd Raupen und Würmer anbrachten – sie waren in Streichholzschachteln mit blauen Bändchen verpackt –, hielt ich mich doch streng an seine vegetarische Diät, und er gedieh dabei und wuchs zu einem kräftigen, dreisten Nestling heran.

Am dritten Tage erschien mitten in den Glotzaugen ein Schlitz, und allmählich öffnete er sie, blickte in mein grosses, federloses Gesicht und auf Finger, die wie Anflugstangen waren, und dann schaute er sich um. Da er noch nie einen Vogel gesehen hatte, hielt er mich wohl ohne weiteres für seine natürliche Mutter. Als seine Federn, die meistens bei Nacht wuchsen, den kleinen Körper zu bedecken begannen und der warme Schrank nicht

länger vonnöten war, schlief er in einem alten Pelz-
handschuh auf meinem Kopfkissen, wo er mich im
ersten Morgengrauen aufweckte und mit lautem
Gezirp und Zupfen an meinem Haar nach Futter
verlangte.

Natürlich hatte ich gedacht, ich würde ihn frei-
lassen, sobald er fliegen und sich selbst ernähren
könne, doch als sich die Schwungfedern bildeten,
ward die Tragödie offenkundig, und es sah aus, als
ob er nie frei und hoch genug würde fliegen können, um sich in Sicherheit zu bringen. Der linke
Flügel war anscheinend normal gewachsen, der
rechte jedoch offensichtlich verkrüppelt, da sich
die grössten Federn hinter seinem Rücken wie ein
kleiner Fächer in die Höhe stellten. Dieser Fächerfittich wirkte ganz merkwürdig, vor allem wenn er
beim Näherkommen äusserst liebenswürdig damit
flatterte. Nach Art aller Nestlinge lernte er aber
hüpfen und die Flügel gebrauchen, um den Füssen zu helfen, wenn er mir von einem Zimmer ins
andere nachzappelte. Der linke Fuss war nämlich
auch verkrüppelt und hatte eine Missbildung an
der hinteren Zehe.

Sowie er fähig war, sich allein zu ernähren, liess
ich ihn zu Hause und sperrte ihn in ein Kämmer-
chen, wo er Milch und Futter in jedem Winkel auf
dem Fussboden bereit fand. Bald fing er an, meine
Stimme und meinen Schritt, ja sogar das Geräusch
meines Schlüssels in der Haustür zu erkennen, und

hiess mich bei der Rückkehr lärmend willkommen. Sowie ich die Tür seines Boudoirs aufmachte, hasteten fliegende Füsschen vor, und er kletterte mein Bein herauf, übers Knie bis auf die Schulter, wo er aufgeregt schwatzte, bis er sich unter mein Kinn oder bloss in meinen Kragen schmiegte.

Mein Bett aber war ein wahres Paradies für ihn, und mit mir unter die Daunendecke zu schlüpfen war seine grösste Wonne. So ist es auch sein ganzes Leben lang geblieben, und ich möchte hier eine gewiss sehr interessante Tatsache einschieben. Kaum hatte er die vollständige Hilflosigkeit der ersten Kindertage hinter sich, aber noch lange bevor er flügge war, da betrachtete er sein Ruheplätzchen schon als etwas, was saubergehalten werden musste, und nie machte er etwas schmutzig, was ihm als Nest diente. Mühsam krabbelte er auf den Rand des wollgefütterten Napfes, blieb oben sitzen, hielt den winzigen Schwanz nach draussen und plumpste dann wieder hinunter, wo er sein Nickerchen fortsetzte. Wenn er mein Bett zum Schlafen benutzte, besudelte er es nie, wenn ich es ihm aber auch zum Spielen erlaubte, musste ich einen waschbaren Spielteppich hinlegen. Ich hatte es für ganz unmöglich gehalten, einen Haussperling oder überhaupt einen Vogel stubenrein zu machen, aber ein angeborener Instinkt muss ihn wohl in seinem Betragen bestimmt haben, und nie hat er mich enttäuscht. »Ein kluger Vogel«, sagt das alte Sprichwort, »beschmutzt sein eigenes Nest nicht.«

Sehr merkwürdig war es, dass er, sosehr er sich in mancher Hinsicht von seinen natürlichen Instinkten leiten liess, doch Gewohnheiten entwickelte, die dem Instinkt ganz entgegengesetzt zu sein schienen. Zum Beispiel liegen in Freiheit lebende Vögel, soweit mir bekannt ist (und ich lasse mich gern von jedem korrigieren, der besser informiert ist als ich), nie auf dem Rücken, und findet man einen Vogel in dieser Lage, so kann man wohl mit Sicherheit annehmen, dass er tot ist. Mein Kleiner liebte es jedoch geradezu, auf dem Rücken zu liegen, und strampelte dabei mit den Füssen, wie es ein Baby oder ein Kätzchen tut; und da er sehr gut das Gleichgewicht bewahren konnte und sich nie vor jemand anders als mir in dieser unwürdigen Stellung sehen lassen wollte (die letzten Lebenstage ausgenommen), so bin ich überzeugt, dass es mit dem verkrüppelten Flügel in keinem Zusammenhang stand. Oft lag er so da und sah mich von der Seite und mit dem komischsten Ausdruck an, als wundere er sich, was für ein Vogel ich wohl sein könne, oder er spielte mit mir und stiess mit den Füsschen meine Finger fort, wenn ich ihn kitzeln wollte; doch nahte ein Fremder, dann sprang er immer mit der grössten Behendigkeit hoch. Er zeigte also eine völlige Furchtlosigkeit vor mir, wenn wir miteinander allein waren, und ein Zutrauen, das in all den kommenden Jahren nie enttäuscht werden sollte. Trotz gelegentlicher kleiner Unglücksfälle, wie damals, als er in die Abwaschschüssel fiel und herausgefischt und unter reichlichem Gejammer seinerseits gewaschen und abgetrocknet werden musste, nahm er mir nie etwas übel und betrachtete mich von klein auf als seine Erretterin aus jeder Schwierigkeit und Klemme.

Schon sehr bald merkte er, dass ich mich, wenn ich die ganze Nacht hindurch Dienst getan hatte, gewöhnlich bei der Rückkehr hinlegte, um ein paar Stunden Schlaf nachzuholen. Er erwartete es geradezu, und nachdem er mir zunächst mit grossem Interesse beim Teekochen zugeschaut und selbst etwas Milch vom Teelöffel schnabuliert hatte, führte er mich zu dem schmalen Bett, das sich in der sichersten Ecke des Zimmers auf dem Fussboden befand. Es war ein phantastischer Anblick – etwas für Walt Disney –, dies kleine Geschöpf zu beobachten, wie es mir mit seinem Fächerfittich winkte und den kleinen Kopf mit den runden blanken Augen auf die Seite drehte, um sich zu vergewissern, ob ich ihm folge, und wie es mich dann unter würdigem Gezirpe und Gehopse zur Ruhe brachte. Wenn ich mich zuerst auskleidete, setzte er sich auf das Kopfkissen und rief ungeduldig, bis ich fertig war. Dann passte er auf, dass er keinen Schaden nahm, wenn seine Riesenbettgenossin sich hinlegte, und schlittelte das Kissen hinunter und über mein Gesicht, bis er sich unter der Daunendecke an meinen Hals schmiegte. In diesem Moment der Verzückung schien er eher zu laufen als zu hüpfen, obgleich das natürlich Einbildung war. Nach einigen einleitenden Kniffen und Schnabelhieben, mit denen er das grösste Missvergnügen ausdrückte, wenn ich mich rührte oder herumzappelte, sanken wir zusammen mehrere Stunden lang in Schlaf.

Etwas sehr Komisches ereignete sich, als ich einer Freundin mein Bett für eine Nacht abgetreten hatte und bei meiner Rückkehr am nächsten Morgen auch noch ins Bett wollte. Es gab eine schreckliche Szene, denn der kleine Vogel hielt es für einen Skandal. Er lief das Kissen auf und ab, schalt und drohte und griff schliesslich meine Freundin so heftig an, dass sie als Eindringling gezwungen war, aufzustehen und in einer Ecke geduldig abzuwarten, bis Seine kleine Majestät den gewohnten Platz eingenommen hatte. Erst als er sich behaglich hingekuschelt hatte, gestattete er huldvollst ihre Rückkehr. Sie war Ärztin und sagte, dass sie während eines gewiss ereignisreichen Lebens noch nie von einem Sperling aus dem Bett geworfen worden sei!

Allmählich stellte ich mich ganz »auf Vogel« ein, ob ich wachte oder schlief, und bewegte mich sehr behutsam, aus Angst, einen so kleinen Freund zu zertreten oder zu zerdrücken; doch wurde mir klar, dass eine völlige Freiheit früher oder später unheilvoll für ihn enden müsse. Denn es kamen auch Besucher, darunter viele Kinder, und *sie* waren nicht »auf Vogel« eingestellt. Es musste etwas geschehen, ehe es zu spät war. Ich versuchte es zuerst mit einem kleinen Baum, den ich in einen Kübel pflanzte und einladend in eine Zimmerecke stellte, in der vergeblichen Hoffnung, dass er sich dort niederlassen und ihn zu seinem Hauptquartier machen würde, doch riss er entsetzt davor aus und verkroch sich in meinem Nacken. Ich behängte den Baum mit Leckerbissen und wollte den Spatz überreden, sich dort sein Futter zu suchen; aber er war klüger als Eva, entfloh dem Baum der Verlockungen, so schnell er nur konnte, und kauerte sich auf den Fussboden, wobei er bittend seine Flügelchen hob, wie kleine Kinder es oft mit den Armen tun, um aufgehoben und vor dem Ungeheuer in Sicherheit gebracht zu werden. Deshalb kaufte ich recht widerstrebend einen grossen, geräumigen Käfig, stellte den vertrauten Puddingnapf hinein und führte ihm das Ganze vor. Zu meiner grössten Überraschung und Erleichterung ging er sofort hinein, als entstamme er einem Geschlecht von Käfigvögeln, und seither hat er diesen Käfig und alle nachfolgenden sehr geliebt.

Wenn ich zu Hause war und ihm genügend Zeit widmen konnte, liess ich die Tür seines Käfigs offen, so dass er nach Belieben ein und aus gehen konnte, und immer kam er sofort zu mir. Der Käfig und mein Bett – und natürlich meine Person –

waren sein Privatbesitz, sein Anwesen, für dessen Verteidigung er mit Schnabel und Krallen kämpfen wollte, und er kämpfte auch, sehr zum Vergnügen aller Besucher, die es wagten, seine Grenze zu überschreiten. An allen anderen Dingen im Haus nahm er keinen grossen Anteil, und wenn er sich allein im Zimmer sah, fand er jedesmal schnell in den Käfig zurück. Es war lustig, seine energischen und unermüdlichen Anstrengungen zu beobachten, wenn er zu immer grösseren Höhen klettern wollte, bis er, nach mancherlei Purzelbäumen, triumphierend und mit ebensoviel Stolz auf der Schaukelstange sass, als hätte er den Mount Everest erklommen. An mir kletterte er auch hoch, meine Beine waren die Baumstämme, meine Finger die Anflugstangen und mein Kopf seine Kleiderbürste. In meinem Haar veranstaltete er manches imaginäre »Sandbad«, dem er einen Freudentanz folgen liess, wobei er von einem Ohr zum anderen jagte und in den Locken schaukelte.

Je grösser er wurde, desto besser gelang ihm die Koordination der Flügel, doch wäre es Wahnsinn gewesen, ihn ins Freie zu lassen, und da er ganz glücklich schien, beschloss ich, ihn dauernd als Hausgenossen zu behalten. Der grosse Augenblick des Tages war frühmorgens, wenn ich die Decke vom Käfig nahm und ihn, der sogleich vor Aufregung schwatzte, in mein Bett klettern liess, wo er Tee und Toast mit mir teilte. Er liebte Milch und trank sie in grossen Mengen. Der Weg zum Herzen manchen wilden Vogels scheint »die Milchstrasse« zu sein, denn ich kannte viele junge Stare und Drosseln, die ihre Mutter im Garten im Stich liessen und mir rings ums Haus folgten, um nur ja einen Schluck des begehrten Getränks zu bekommen. Und das von mir mit so viel Milch aufgezogene Findelkind war natürlich erst recht ein Milchfreund.

Nach dem Frühstück – falls die Sirene es zuliess – fand die Morgengymnastik statt. Das Bett wurde frei gemacht, ich setzte mich an das eine Ende, und mein Spatz, der wie ein winziger Adler aussah, sass am anderen. Dann stürzte er sich mit gespreiztem Schwanz und ausgebreiteten Schwingen auf mich, drückte mit einer winzigen Kralle meine Hand hinunter und hämmerte, wie ein Grubenarbeiter mit dem Pickel, mit seinem Schnabel drauflos. Danach zog er sich zurück, doch nur, um mit erneuter Wut anzugreifen – zu picken, zu hämmern, herumzupurzeln und zu schelten, wie es die Spatzen in den Hecken draussen gern tun. Doch wenn ich streng rief: »Halt, halt! Jetzt ist's aber genug!«, dann beruhigte er sich und winkte so lange mit seinem Fächer, bis er gefüttert wurde. Leider entdeckte er bald, dass mein Körper mehrere überempfindliche Stellen aufwies, so die Ohrläppchen, das Fleisch um die Fingernägel und natürlich die Augen, die ich bei heftigen Kämpfen durch eine

Brille schützte, die er sehr liebte und als gute Übung für seine Flügel benutzte.

Es war Ehrensache zwischen uns, dass zu keiner anderen Tageszeit gerauft wurde, und obwohl er meine Gäste angriff, sobald er sich über sie ärgerte, hat er in dieser Hinsicht mein Vertrauen nie enttäuscht. Am Klang meiner Stimme schien er sehr viel von dem zu verstehen, was ich ihm sagte, doch alle Versuche, ihn sprechen zu lehren, waren vergebens. Dem am nächsten kam ein seltsamer und gar nicht vogelähnlicher Laut, den er oft ausstiess, wenn ich ihn abends zudeckte – so ähnlich wie »um-m-m-m«, ein wenig kläglich und einschmeichelnd, als solle es ein letzter liebevoller Gruss zum Tagesabschluss sein.

Mittlerweile hatte ich sein Menü etwas abwechslungsreicher gestaltet, und Hanfsamen, Salat, Äpfel und süsse Kekse waren jetzt seine Lieblingsspeisen. Kanarienvogelfutter frass er gern, wenn er es bekommen konnte, und er genoss Fleisch, Fisch (besonders Seezunge und schottischen Lachs) und Brathuhn – eigentlich fast alles mit Ausnahme von Nüssen, und eine Vorliebe hatte er für Würzsauce. Doch mit Zwiebeln war er gar nicht einverstanden, und wenn ich ihm Fleisch vom Irish-Stew anbot, verzog er sich, ohne auch nur zu kosten, was mich daran zweifeln lässt, dass die landläufige Annahme, Vögel (abgesehen von Gänsen) hätten keinen Geruchssinn, stimmt. Manchmal neckte ich ihn, in-

dem ich ihm einen Leckerbissen hinhielt und fort-
lief, um mich irgendwo im Hause zu verstecken.
Wie amüsant war es dann, zu hören, wie er auf der
Suche nach mir von Zimmer zu Zimmer eilte, das
schnelle Hopphopphopp seiner kleinen Füsse, die
(selbst auf dem dicken Teppich) wie ein winziges
Maschinengewehr tackten. Rief ich ihn dann, so
antwortete er, noch ehe die Worte meinen Mund
verlassen hatten, vermutlich hatte er schon das
Einatmen vor der Lautbildung gehört, und damit
hatte er das Spiel gewonnen und den Preis erhalten, kaum hatte ich den Satz beendet.

Er schien ganz zufrieden, auch wenn er allein
im Hause bleiben musste. Ich beobachtete ihn oft
durchs Fenster, um mir Gewissheit zu verschaffen,
dass er in meiner Abwesenheit nicht traurig war,
doch kaum hatte er gemerkt, dass ich gegangen war,
so fügte er sich drein und amüsierte sich mit seinen
Spielsachen und dem Essen. Ich hatte ihm eine
grosse Auswahl an Spielzeug verschafft, doch was
ihm behagte, waren nur Haarnadeln, Patiencekarten und Streichhölzer, die er stundenlang im Käfig
herumschleppte. Sobald er jedoch wusste, dass ich
im Hause war, liess er alles Spielzeug beiseite, und
ich allein interessierte ihn. Er war ein überaus hart-
näckiger kleiner Freund. Keine Sekunde wollte er
mich aus den Augen lassen, und der Klang seiner
Stimme und das Trippeln der Füsschen schien alle
Zimmer zu füllen, so dass es mir oft schwerfiel, zu

glauben, dass ich nicht ein ganzes Nest voller Vögel adoptiert hatte.

Doch trotz all seiner jugendlichen Energie und guten Laune war er zu jeder Stunde des Tages bereit, meinen Schlummer zu teilen. Als mich einmal ein schwerer Anfall von Masern vierzehn Tage ans Bett fesselte, war es für ihn die grösste Wonne. Jeder Tag war ein Festtag und das Leben eitel Fröhlichkeit. Er teilte mein Essen und blieb den grössten Teil des Tages unter der Bettdecke, obzwar er von Zeit zu Zeit in den Käfig zurückkraxelte, um sich um seine Toilette zu bekümmern oder, wie Kinder es gern tun, zwischen den Mahlzeiten ein bisschen zu knabbern, doch danach stürzte er mit Freudengezwitscher wieder zu mir zurück. Die Gemeindeschwester schalt er und bekämpfte und schikanierte sie, was ihr solchen Spass machte, dass sie andere Patienten mitbrachte, damit sie mit eigenen Augen sehen könnten, was zu glauben sie sich geweigert hatten – doch das Ergebnis war, dass er es nun mit der ganzen Schar aufnahm und sie *en masse* bekriegte, bis sie alle besiegt waren. Eines Tages hatte ein Besuch einen jungen Spatz aus dem Garten mitgebracht, der freundlich gesinnt zu sein schien, doch mein Spatz griff ihn mit solcher Heftigkeit, ja Wildheit an, dass wir den jungen Vogel schleunigst zu seinen besorgten Eltern zurückbringen mussten. Mein Spatz war furchtbar aufgebracht und hörte nicht auf, vor sich hin zu schelten und zu schimpfen, bis ich ihn mit etwas Hanfsamen beruhigen konnte. Er schnappte ihn mir aus den Fingern, zog eine grosse Schau von verletzter Würde ab und versteckte sich hinter dem Kopfkissen. Das Experiment wurde nicht wiederholt, und er blieb mein zufriedener und ergebener Gefährte, bis ich wieder an die Arbeit zurückkehrte.

Wenig Findelkinder haben in der Geschichte Ruhm erlangt, allerdings gab es auch bemerkenswerte Ausnahmen, wie Romulus und Remus, falls man der Legende glauben darf. Moses war natürlich das berühmteste Findelkind aller Zeiten, doch auch er brauchte nicht ohne die Liebe und Fürsorge einer Mutter zu leben, und oft ist das Leben eines Kindes, das ohne den unschätzbaren Segen eines richtigen Heims aufwächst, eine Tragödie.

Mein Spatz jedoch wurde, selbst wenn er ein Verstossener war, ein wahres Glückskind und stieg zu einem Ehrenplatz auf, wie ihn ausser ihm nur ein einziger seiner Gattung in der Weltgeschichte innegehabt hatte. Diese seltsame Geschichte soll in den folgenden Kapiteln erzählt werden.

Er war jetzt fast drei Monate alt – glücklich, gesund und voller Vertrauen –, und obwohl er von allen, die ihn kannten, verhätschelt und verwöhnt wurde, blieb er doch liebenswert, umgänglich und im grossen und ganzen auch gehorsam.

So verging das glückliche Kleinkindalter.

2

Sein Leben als Schauspieler

Im Krieg erwirbt sich mancher Ruhm und Namen, der sonst unbekannt geblieben wäre. Nicht nur Mut – der so allgegenwärtig wird, dass wir ihn beinahe nicht mehr wahrnehmen –, sondern auch Talente und sogar Schöpferkraft, die bisher verborgen und ungeahnt waren, kommen an den unerwartetsten Stellen zum Vorschein und leuchten hell vor dem dunklen Hintergrund des Leidens. Ich bin der Überzeugung, dass wir alle an der Schwelle zur Inspiration leben; dass selbst die bescheidensten von uns potentielle Künstler sind.

Auf seine Art erlangte auch mein kleiner Spatz während der dunklen Tage der Luftangriffe Berühmtheit, da er Schauspieler wurde und, wenn seine Laufbahn auch nur kurz war, manchem müden Londoner grosses Vergnügen bereitete.

Im September begann es mit den Bombardierungen ernst zu werden, wie viele von uns nur zu gut wissen. Wenn mich beim Ertönen der Sirene die Pflicht rief und ich meinen Spatz verlassen musste, dachte ich daran, dass ich ihn vielleicht nie wiedersehen würde. Ende des Monats fiel eine Bombe mit Langzeitzünder unmittelbar hinter meinen Bungalow, und gerade als mir verboten wurde, zurückzugehen und dem Spatz einen Platz zu suchen, an dem er sicher war, sah ich das Nachbarhaus in Rauch aufgehen und war auf das Schlimmste gefasst. Sobald ich abgelöst wurde, flog ich heim, riss die Tür zum Zimmer auf, in dem sein Käfig stand, und rief: »Bist du am Leben?« Sofort antwortete mir ein Stimmchen, und als der Rauch sich verzogen hatte, sah ich ihn friedlich und anscheinend unverletzt auf seiner Schaukel sitzen. Es war eine wunderbare Errettung, da er ungefähr das einzige im Hause war, das keinen Schaden erlitten hatte. Das Dach des Käfigs war eingedrückt, ein Ziegelstein lag darauf, nur etwa zwei Zentimeter über seinem Kopf, und der Boden war mit Glasscherben bedeckt, aber er war gar nicht aufgeregt. War es Zufall oder Instinkt, fragte ich mich, die ihn veranlasst hatten, sich in dieser Notlage auf die Schaukel zu retten und dadurch die Auswirkungen der Explosion zu minimieren? Ich glaube, es muss Instinkt gewesen sein, denn jedesmal, wenn späterhin die Kanonen dröhnten und die Erde bebte, nahm er sofort Zuflucht zu diesem Ort und blieb still schaukelnd dort, bis alles wieder ruhig war. Nie zeigte er bei Angriffen auch nur die leiseste Angst, obwohl er sich nachts darüber ärgerte und sein Glöckchen laut zu läuten und an den Stangen zu schütteln pflegte, wenn der Lärm stärker als sonst war.

Da mein Bungalow vorübergehend unbewohnbar geworden war, zogen wir in ein grösseres Haus in der Nähe, das leer stand. Es hatte ebenfalls unter der Aufmerksamkeit der Luftwaffe schwer zu leiden gehabt und stand nun ohne Fenster, halb zertrümmert und mitgenommen in der grösseren Verwüstung ringsumher. Doch regnete es nicht herein, und da die Haustür noch vorhanden war, bot es uns einigen Schutz. Bald nach unserem Einzug gesellten sich noch andere Flüchtlinge, Verwandte meines verstorbenen Mannes, zu uns. Diese Leute brachten zu meiner grössten Bestürzung eine Katze mit, und deshalb musste mein Spatz ausquartiert werden und in ewigem Dämmerlicht in einer kleinen Bodenkammer hausen. Dadurch wurde mein Leben noch sorgenvoller. Ein schrecklicher Augenblick war es, als ich eines Morgens die Tür zu diesem Raum angelehnt fand und die Katze neben seinem Käfig sitzen und hineinstarren sah. Mein Spatz stand völlig bewegungslos in einer Ecke in nächster Nähe seiner Feindin, glücklicherweise durch die Glasplatte von ihr getrennt, die (solange er dahinter blieb) eine wirksame Barriere zwischen ihnen bildete. Ich möchte ihm nicht so viel Intelligenz zusprechen, dass er absichtlich den einzigen sicheren Platz gewählt hatte. Es muss ein glücklicher Zufall gewesen sein, aber von da an blieb die Tür verschlossen und der Schlüssel abgezogen.

Es war ein tristes Leben für den kleinen Burschen, obwohl er glücklich schien und sich nicht beklagte. Wir hatten wenigstens all die Aufregung mit den Bomben, oder wie die alte Dame im East End sagte: »Diese verdammten Luftangriffe lenken einen immerhin vom Krieg ab«, er aber hatte nichts, was ihn unterhalten konnte.

Kurz danach wurde ich als Ablösung in einen ärmeren Teil Londons auf einen stark beanspruchten Posten geschickt, wo viele meiner Kollegen Hausierer oder Bauarbeiter waren. Für mich war es sehr lehrreich und interessant. Zuerst empfanden sie mich als Eindringling, aber im Laufe der Zeit wurden wir die besten Freunde, und jetzt erinnere ich mich ihrer nur mit Zuneigung und Bewunderung. Ihr Cockney-Humor war köstlich. Während ich da war, wurde ein tägliches Losungswort für den Zivilschutz eingeführt, und das erregte oft Heiterkeit. Eines Morgens kam ich dazu und hörte eine hitzige Debatte über die Bedeutung des Wortes »Novize« mit an. Keiner hatte die leiseste Ahnung, was es bedeuten konnte oder wie es ausgesprochen wurde, und um mich nicht aufzuspielen, hielt ich mit meiner Ansicht zurück. Das Erscheinen von Mr. S., dem Fensterputzer, löste jedoch das Problem. »Herrjemine!« rief er. »Es bedeutet: ›Bitte für uns!‹ Kennt ihr denn nicht das alte Lied, das meine Mutter schon immer gesungen hat, *Ora pro Novize?*« Diese Erklärung wurde sofort akzeptiert, da man das Wort als sehr passend empfand, denn wir hatten in diesem Sektor in den letzten beiden Tagen schon zwölf schwerwiegende Vorfälle gehabt. Er war ein reizender Mensch, dieser Fenster-putzer, die Seele vom Ganzen, und wir vermissten ihn schrecklich, als er ging, um sich dem Dekon-taminierungstrupp anzuschliessen. Den Mut und die Standhaftigkeit all dieser Männer kann man gar nicht genug rühmen, doch die Langeweile, un-ter der sie litten, wenn die Aktivitäten des Feindes nachliessen, war so niederdrückend, dass ich mir den Kopf zerbrach, wie ich sie unterhalten könne, und ganz zufällig entdeckte ich, dass sie sich beson-ders für Naturgeschichte interessierten.

Das brachte mich auf einen Gedanken. Weshalb sollte ich den Spatz nicht lehren, uns während der langweiligen Zeit zu unterhalten? Ich nahm ihn mir sofort vor, und da er keine Einwände erhob, brachte ich ihm mittels seiner Lieblingsspielsachen verschiedene kleine Kunststückchen bei. Er lernte mit ausserordentlicher Leichtigkeit und Schnellig-keit, und bald begleitete er mich zu verschiedenen Posten, zu Häusern, in denen ängstliche Menschen lebten, und vor allem zu einem Schutzraum, wo er immer ein grosses Publikum vorfand, besonders Kinder. Für sie war er ein immerwährendes Entzük-ken. Ich kann wirklich sagen, dass kein Spatz sei-nem Vaterland jemals so treu und brav diente wie er in diesen schrecklichen Monaten. Menschen, die ihr Heim und all ihre Habe verloren hatten, ver-gassen ihren Kummer, wenigstens für einige Zeit; verängstigte Kinder wurden fröhlich und sorglos, und wer von ihnen sich zuerst hartnäckig geweigert hatte, sich die Gasmaske anlegen zu lassen, hielt mir nun sofort den Kopf hin, wenn ich dafür eine Spatzenvorstellung versprach. So wurde er tatsächlich ein wichtiges Mitglied des Zivilschutzes, leistete, als die Luftangriffe am schlimmsten tobten, mit seinem Unterhaltungsprogramm nützliche und tapfere Arbeit und enttäuschte sein Publikum selten. Selbst in Häusern, wo die Leute feindselig waren und mir mürrisch die Tür gewiesen hatten, wurde ich oft mit einem Lächeln und einem freundlichen Wort eingelassen, wenn der junge Schauspieler mich begleitete. Kleine Geschichten über ihn und Postkarten mit einer Zeichnung wurden zugunsten des Roten Kreuzes eifrig gekauft und fanden den Weg in Heime und Hospitäler, nicht nur in England, sondern auch in Übersee und den entferntesten Winkeln der Erde.

Seine Vorstellung begann damit, dass er würdevoll in dem historischen Puddingnapf sass, wo er von den glücklichen Billettinhabern der ersten Sperrsitzreihe mit Hanfsamen gefüttert wurde. Dann hüpfte er so heiter und so leichtfüssig wie ein Ballettänzer heraus, verwandelte sich plötzlich in einen Zwergen-Herkules mit entschlossener Miene und angespannten Muskeln und verwickelte mich in einen heissen Kampf um eine Haarnadel, die er hartnäckig mit dem Schnabel packte und mir mit aller Kraft wegnehmen wollte, bis ich ihn gewin-

nen und die Siegesbeute triumphierend in seinen
Käfig tragen liess. Nach dem Beifall und einer kurzen Pause erschien er als Zauberkünstler und zog
aus einem hingehaltenen Set Karten eine hervor,
meistens die vom Publikum ausgewählte, wenn ich
darauf zeigte oder sie ein wenig vorstiess. Wenn er
das satt hatte, nahm er eine Patiencekarte in den
Schnabel und drehte sie zehn-, zwölfmal im Schnabel herum, ohne sie fallen zu lassen, während er die
Ecken abrundete. Das war, glaube ich, sein Lieb-
lingstrick, denn er hatte ihn selbst erfunden und
vergnügte sich noch jahrelang damit, als er dem
Rampenlicht längst den Rücken gekehrt und alle
anderen Kunststückchen vergessen hatte.

Streichhölzer waren ebenfalls ein beliebtes Spielzeug. Er nahm eins aus der Schachtel und liess es
hin und her durch den Schnabel gleiten, wozu eine
kleine Spieluhr die Begleitmusik machte, so dass es
aussah, als spiele er Flöte. Wenn ich ihm ein ver-
kohltes Streichholz hinhielt, so stürzte er sich eifrig darauf und verschlang das schwarze Ende mit
sichtlichem Vergnügen, und da fragte ich mich, ob
die in Freiheit lebenden Vögel wohl Holzkohle von
unseren Lagerfeuern als Verdauungshilfe fressen.
Während der Erfrischungspause nahm er manchmal ein imaginäres Bad auf der Titelseite der *Times*.
Anscheinend hielt er die grauen Lettern für Staub
oder für Insekten, und einmal versuchte er sogar,
sie eine nach der anderen aufzupicken und unter

die Flügel zu stecken – ein Tun, das mir verdächtig nach Einemsen aussah, doch waren leider keine Ornithologen anwesend, um meine Vermutung zu bestätigen. Meistens arbeitete er stumm, denn ich glaube nicht, dass er Sinn für Humor hatte, aber ein gelegentliches Zwitschern, das vom Publikum für einen Scherz oder Wortwitz gehalten wurde, rief Lachstürme im Parkett hervor.

Seine beliebteste Nummer war jedoch der berühmte Luftschutzkeller-Trick, der immer die Begeisterung der Zuschauer und wiederholten Beifall hervorrief. Ich hatte ihn gelehrt, sich in meiner linken Handmuschel niederzulassen – indem ich ihn zunächst mit Hanfsamen lockte –, während ich ihn mit der hohlen Hand meiner Rechten zudeckte. Danach war es verhältnismässig leicht, diesen Vorgang mit dem Wiederholen gewisser Worte zu verknüpfen, und bald brauchte ich nur noch zu rufen: »Fliegeralarm!«, dann rannte er schon in seinen improvisierten Schutzraum, sass mehrere Minuten still und rührte sich nicht und steckte dann erst den Kopf hervor, als wolle er fragen, ob schon Entwarnung gegeben worden sei.

Diese spektakuläre Darbietung war eine Quelle steter Freude besonders der jüngeren Zuschauer, und sie standen Schlange, um ihn auch einmal in der Hand halten zu dürfen. Wer *mir* jedoch die meiste Freude bereitete, das war eine etwas pompöse alte Dame, die ihn mit der Lorgnette beäugte

Der Luftschutzkeller-Trick

und dazu bemerkte: »Lieber Himmel! Was für ein erstaunliches kleines Ding! Welche beachtliche Intelligenz für einen Kaltblüter!« (Die normale Temperatur eines Spatzen liegt meines Wissens bei dreiundvierzig Grad.)

So verflogen die Wochen, und der Schauspieler erhielt zwar keine Blumensträuße, jedoch wurden ihm von seinen zahlreichen Verehrern viele andere Geschenke dargebracht, die eher nach seinem Geschmack waren. Ja, er wurde so gemästet und überfüttert, dass er an Gewicht zunahm und dadurch in Gefahr geriet, träge zu werden und sich gehenzulassen. Nach meinem Tode, wenn ich selbst längst vergessen bin, werden sicher noch viele Leute ihren Kindern und Enkeln von dem Spatz erzählen, der sie in London während der Luftangriffe so gut unterhalten hat. Durch einen merkwürdigen Zufall bekam vor ein paar Wochen (ich schreibe dies im Jahre 1952) eine Freundin während eines Urlaubs in Sussex mit, wie eine Dame einigen gebannt lauschenden Kindern die Geschichte vom Auftritt meines Vogels in einem Schutzraum erzählte.

Natürlich gab es oft Störungen, so dass die Vorstellung unvermittelt abgebrochen und der Hauptdarsteller ohne viel Federlesens in seinen Käfig gesteckt werden musste.

Um diese Zeit erhob sich auch die Frage nach einem Namen für den Spatz, sie wurde bei der nächsten Zivilschutzversammlung erörtert. Ein so begabter Schauspieler musste natürlich einen Namen haben, der auf den Anschlagzetteln prangen konnte! Ursprünglich hatte ich beabsichtigt, ihn Clarissa zu taufen, denn wegen seiner hellgrauen Brust und weil die Färbung und Zeichnung des Männchens fehlten, hatte ich ihn irrtümlicherweise für ein Weibchen gehalten; aber nach der ersten Mauser trug er das Merkmal plötzlich doch zur Schau: einen schwarzen oder sehr dunkelbraunen Fleck unter dem Kinn, das Zeichen männlicher Würde bei einem Spatz. Ein weiblicher Name wäre daher beleidigend. »Dann wollen wir ihn Clarence nennen!« meinten die Kinder, und so absurd es auch erscheinen mag, es blieb bei Clarence, wenn er sich auch nicht dazu bekannte, sondern nur auf den Ruf »Boy« antwortete.

Ich nahm ihn nie mit, wenn der Fliegermond hoch am Himmel stand oder wenn schwere Angriffe zu erwarten waren, doch einmal wurden wir von einem Luftangriff und der Verdunkelung überrascht und bestanden ein Abenteuer, das ebensogut sein Tod hätte sein und ein vielversprechendes Leben hätte beenden können. Auf dem Heimweg von einer Kindergesellschaft, bei der er sich selbst übertroffen hatte, fragte mich ein junger Soldat, ob ich ihm den Weg zu einem kleinen, etwas einsamen Posten zeigen könne, der etwa eine Meile von meinem Hause entfernt lag; er musste sich dort in der Nähe in einem neuen Lager melden. Mir waren Posten und Lager bekannt, und da der junge Mann unser Viertel nicht kannte, erbot ich mich, ihn bis zum Tor des Lagers zu bringen. Auf dem Rückweg ging plötzlich meine Taschenlampe aus, und in der Dunkelheit, die fast tiefschwarz war, verlief ich mich. Glücklicherweise sass mein kleiner Schauspieler in einer filzgefütterten Schachtel mit durchlöchertem Deckel, die wir manchmal als Reisesänfte benutzten, und ich hatte den guten Einfall, sie vorn in meine Uniformjacke zu stecken und die Knöpfe darüber zu schliessen.

Der mir von früher her bekannte Posten war so stark beschädigt, dass ich ihn nicht erkannte, und der Boden ringsum war eine Mondlandschaft voller Krater. Weil mich das Herumirren und das Stolpern über Trümmer müde gemacht hatte, setzte ich mich hin, um mich zu sammeln und zu orientieren, da entdeckte ich zu meinem Entsetzen, dass ich mich gegen einen Zug lehnte! Ob er auf einem Seitengeleise oder auf der Haupttrasse stand, konnte ich nicht erkennen. Es war Nacht, keine Sternennacht, sondern von einer fast vollkommenen Schwärze, die dann und wann von den tastenden Fingern entfernter Suchscheinwerfer schwach erleuchtet wurde. Während einer Bombardierungspause, als das Dröhnen der feindlichen Flugzeuge vorübergehend nachliess, hatte ich wiederholt um Hilfe gerufen, aber es kam keine Antwort. Da ich fürchtete, der Zug könne sich plötzlich in Bewegung setzen, sprang ich hoch, rannte ein paar Schritte und fiel Hals über Kopf in einen tiefen, schlüpfrigen Krater. Wir rutschten, der Spatz und ich, bis meine in schweren Gummistiefeln steckenden Füsse unten in das schlammige Grundwasser sanken. Es war ein Glück, dass mir dieses Schlammloch nur bis knapp zu den Knien reichte, und da meine verzweifelten Bemühungen, die stinkenden Kraterwände hinaufzuklettern, vergeblich waren, fügte ich mich in mein Schicksal und wartete geduldig auf die Morgendämmerung.

Bald hörte ich die Entwarnung, und der kleine Vogel rührte sich in seiner Schachtel. Dann war wieder alles still. Es war eine lange Nacht, aber die Londoner hatten sich an endlose unbequeme und gefahrvolle Stunden gewöhnt, und mein kleiner Freund wenigstens war warm und trocken untergebracht. Endlich brach der Tag an, und schliesslich fand ich einen Weg ins Freie. Schlammbedeckt und halb erstarrt, schleppte ich mich heim. Abgesehen von der Bombardierung meines Bungalows war dies das schlimmste Kriegserlebnis meines Spatzen. Wahrscheinlich verschlief er es in aller Seelenruhe, doch hütete ich mich fortan, noch einmal mit ihm in die Dunkelheit zu geraten.

Leider begann er im Frühjahr 1941 des Lebens in der Öffentlichkeit mit all seinem Glanze überdrüssig zu werden, und hinfort war er unbegreiflich scheu und abgeneigt, Kunststücke zum besten

zu geben. Er hatte sich auch eine hässliche kleine
Gewohnheit zu eigen gemacht, die Leute in die
Hand zu zwicken, und da seine Beliebtheit also
im Abnehmen begriffen war, mussten auch seine
Besuche auf dem Posten und im Schutzraum auf-
hören. Ich fand es richtig, dass er sich – wie es alle
wohlberatenen Künstler tun sollten – auf der Höhe
seines Könnens von der Öffentlichkeit in Würde
zurückzog. Von nun an lebte er ausschliesslich *chez
moi* und widmete sich mir als seiner einzigen ihm
zusagenden Gefährtin.

Sicher wäre es leicht gewesen, ihn für ein sol-
ches Leben auszubilden, und er wäre dann wohl
sehr berühmt geworden. Wenn das kleine getupfte
Ei, aus dem er geschlüpft sein musste, bevor ich
auf ihn traf, nur wenige Jahre später gelegt worden
wäre, dann wäre er wohl eine Hauptattraktion im
Fernsehen geworden. Ich glaube jedoch nicht, dass
ihm eine hauptberufliche Tätigkeit zugesagt hätte,
und ich missbillige die fortgesetzte Ausbeutung
von Tieren, wenn sie nur den Menschen zur Unterhaltung dienen sollen, was offensichtlich ihrer
Natur und ihren Neigungen zuwiderläuft. Natürlich trat mein Spatz auf, aber nur in einer privaten
und exklusiven Dramatischen Gesellschaft. Seine
kleinen Tricks, obwohl sie zweifellos Intelligenz
und Anpassungsfähigkeit verrieten, waren in Wirklichkeit bloss die Weiterentwicklung seiner natürlichen Instinkte. Es waren einfach Dinge, die er gern

tat, und ich überredete ihn nie, etwas gegen seinen Willen zu erlernen.

Von seiner frühesten Jugend an hatte er, soweit es seine »nichtgeistige Natur«[1] zuliess, mein Tun und Treiben im Hause geteilt. Wenn ich kochte, sah er mir zu und kostete aus einem Löffel von allem, was ihm schmeckte; wenn ich Klavier spielte, sass er auf meiner Hand und hörte zu; wenn ich las, setzte er sich auf mein Handgelenk und sah häufig auf die Worte, die ich ihm zeigte; und wenn ich schlief, teilte er meinen Schlummer. Doch immer stand es ihm auch frei, mich zu verlassen und sich allein zu vergnügen. Auf diese Art bewahrte ich mir sein Vertrauen, und sein Training, wenn man es überhaupt so nennen kann, vollzog sich so allmählich und wurde so sehr eins mit unserer wachsenden Freundschaft, dass alles Gelernte zum Ausdruck seines Wesens wurde.

Nach der ersten Mauser war er wirklich ein wunderhübscher kleiner Vogel. Er war viel zierlicher, anmutiger in den Bewegungen, glatter und schlanker als seine männlichen Verwandten in Garten und Gasse, und er wies auch eine kräftigere Färbung auf. Ausser mit einer lebhaft gelblichen Halsbinde prunkte er in einer safrangelben Weste und primelgelben Hosen. Dies ungewöhnlich farbenprächtige Gefieder ist wahrscheinlich auf die farbgebende Ernährung mit Eigelb zurückzuführen, denn als dieses nützliche Nahrungsmittel etwas immer Selteneres und dessen Erwähnung schliesslich ein Anachronismus wurde, bleichte sein Gefieder sehr deutlich aus. Sein Schnabel und die Krallen waren wie poliertes Ebenholz, und sogar der »Fächerfittich« war ein Schmuck und jedenfalls sehr distinguiert.

Wie zufällig Vererbung und Umgebung beim Entstehen dieses kleinen Vogels zusammengewirkt hatten, der sich schon so sehr von seinen Artgenossen unterschied. Doch hatte sich von diesen beiden bedeutenden Einflüssen bisher die Umgebung als stärker erwiesen.

3

Sein Leben als Musiker

Vor zweitausend Jahren schrieb Catull ein Gedicht über seinen berühmten Sperling, der sowohl tanzen wie singen könne. Seither haben im Laufe der Jahrhunderte unzählige dieser Vögel gezwitschert und getschilpt, und vielen Menschen mag es unglaubwürdig erscheinen, dass man jemals einem das Singen hatte beibringen können. Doch ist es die reine Wahrheit, wenn ich sage, dass mein Spatz sich schon frühzeitig der Musik zuwandte und lernte, sich in Trillern und Kadenzen auszudrücken.

Ich kann mich nicht mehr genau erinnern, wann er zu singen begann, da ich nicht die erste war, die dieser Freude teilhaftig wurde; doch muss es etwa im Januar 1941 gewesen sein, als er erst ein halbes Jahr alt war. Es war mir schon aufgefallen, dass viele der von ihm ausgestossenen Laute zwar zur gewöhnlichen Sperlingssprache gehörten, viele jedoch auch nicht. Umfang und Verschiedenheit seiner Töne und Rufe waren erstaunlich, und er erfand stets Neues, bis er – nichts als ein Gelbschnabel – über den grössten Wortschatz seiner Generation verfügte (wie Mr. Winston Churchill auf einer höheren intellektuellen Ebene). Seine berühmten »Hitler-Reden«, wie die Kinder sie nannten, hielt er uns zur Erbauung mit zum Nazigruss erhobenem Flügel, als er noch kaum die Wiege verlassen hatte, und sie nahmen an Länge zu, bis sie mit ganz kurzen Atempausen fast dreieinhalb Minuten dauerten. Zwar ähnelten sie etwas dem Geschwätz der Sperlinge in den Hecken, und doch unterschieden sie sich auffallend und stiegen wie bei einer Rede von einer feierlichen, eindrucksvollen Feststellung in allmählichem Crescendo zum feurigen, leidenschaftlichen Höhepunkt an. Indessen brachten mich diese Tiraden nicht auf die Vermutung, dass in dem kleinen Redekünstler auch musikalische Talente schlummerten.

Sobald er frühmorgens, wenn ich keinen Dienst hatte, seine Morgentoilette beendet hatte, pflegte ich ihn auf meine Schulter zu setzen, ihn zum Klavier zu tragen und ihm dort über eine Stunde lang vorzuspielen. Fast vom ersten Tage an zeigte er, dass die Musik ihn ergriff und erregte. Nicht nur der Fächerfittich, sondern der ganze Körper zitterte, und als ob ihn ein Gefühl überwältigte, zwickte er mich im Nacken und kniff mir ins Fleisch, bis meine Tonleitern plötzlich stakkatoartig wurden. Ob es bei ihm ein Ausdruck der Freude oder der Qual war, kann ich nicht sagen; vielleicht war es beides, doch hätte ich mir nie träumen lassen, dass er singen lernen würde.

Man kann sich wohl gut meine Überraschung vorstellen, als mir meine Flüchtlinge eines Tages mitteilten, dass mein Findelkind oben im Dämmerlicht seiner Bodenkammer gesungen und in seiner Einsamkeit kleine Triller und Doppelschläge ausprobiert habe. Ich glaubte, sie müssten sich getäuscht und einen Vogel vor dem Fenster gehört haben, daher wurde einige Wochen lang nicht mehr davon gesprochen. Plötzlich, als ich eines Morgens Wasser aus dem Badewannenhahn laufen liess, hörte ich es selbst: ein seltsames Liedchen, und es kam deutlich und unmissverständlich aus der zugesperrten Kammer. Es begann mit Gezwitscher; dann kam ein kleiner Doppelschlag, das Ausprobieren einer melodischen Klanggruppe, ein hoher Ton (weit über der Stimmlage eines Sperlings) und zuletzt – Wunder über Wunder! – ein kleiner Triller. Ich lauschte wie verzaubert an der Tür, und er fuhr fleissig in seiner Übung fort; doch als ich die Kammer betrat, hörte er sofort auf und winkte mit seinem Fittich. Ein paar Tage später hörte ich ihn wieder, und mit dem Vorrücken des Frühlings nahmen auch seine Übungsstunden an Zahl zu, bis er gegen Ende des Sommers tagtäglich zu singen schien.

Da er noch studierte, weigerte er sich selbstverständlich, schon ein Engagement anzunehmen. Das wäre gegen die Berufsehre gewesen. Daher glaubten viele Besucher, die ich törichterweise zum Zuhören eingeladen hatte, ich sei das Opfer einer Halluzination geworden, denn sie hörten nichts.

Doch wie ein wahrer Nympholeptiker konnte er dem Zauber fliessenden Wassers nicht widerstehen, und mit der Zeit fand ich heraus, dass dieses Geräusch ihm meistens den nötigen Anreiz zu einer musikalischen Äusserung verschaffte. In den ersten Herbsttagen fügte er dann zu meiner grossen Freude noch einen weiteren kleinen Triller hinzu, und sein Gesang wurde eine abgeschlossene und sehr beachtliche Leistung.

Als das Jahr sich dem Ende zuneigte, kehrten meine Flüchtlinge mitsamt ihrer Katze nach Folkestone zurück, weil die Angst vor Bombardierungen vorübergehend abgenommen hatte, und mein Vögelchen und ich hatten das Haus für uns allein. Ich begann wieder mit meinen Musikstunden und spielte ihm vor, sobald sich Gelegenheit bot, und meine Freude war gross, als er mir aus eigenem Antrieb ans Klavier folgte, mir auf die Schulter kletterte und zu meiner Begleitung sang.

Mittlerweile konnte man sich schon eher darauf verlassen, dass der junge Musiker seine Verpflichtungen einhalten würde, und an einem Tag im Frühjahr lud ich zu einem Konzert im kleinsten Kreise ein, damit er sein Debüt als Operntenor geben konnte. Sechs, sieben Leute waren der Einladung gefolgt, und nach dem Tee war alles für den ersten Auftritt des Wunderkindes bereit. Die Zuhörer sassen in einiger Entfernung vom Klavier atemlos und voller Erwartungen da, und die

Türen sowohl vom Musikzimmer wie von einem gegenüberliegenden Raum, der als Künstlerzimmer diente, standen weit offen. Ich nahm meinen Platz vor den Tasten ein, und die Augen der Zuhörer waren auf die Türschwelle geheftet.

Ich hatte schon mehrere Minuten gespielt, und nichts geschah. Vom Künstler war nichts zu sehen und zu hören, und mir sank das Herz. Plötzlich flüsterte jemand vernehmlich: »Pst! Er kommt!«, und einen Moment drauf erschien ein winziges Geschöpf in der Tür. Ich kann wirklich nicht behaupten, dass sein Erscheinen gelungen war. Es machte keinen Eindruck, und es mangelte ihm an Stil. Vielleicht spürte er eine gewisse Spannung und verstand sie nicht. Nachdem er jedoch auf dem Kaminvorleger gestanden hatte, um seine Frackschösse zurechtzuzupfen oder vielmehr um die Schwanzfedern der Reihe nach durch den Schnabel zu ziehen, flog er halb, und halb rannte er durchs Zimmer, als wäre die Katze hinter ihm her, und kletterte mein Bein herauf, bis er auf meiner Schulter sass. Die Stille war spürbar. Wieder schien eine Antiklimax gekommen, und es sah so aus, als müsste das Eintrittsgeld zurückerstattet werden, denn er sass einige Minuten stumm da und putzte nur seine Federn.

Dann endlich, nachdem ich immer schnellere Läufe und Triller im Diskant gespielt hatte, begann er sich zu besinnen, stimmte plötzlich sein

Lied an und liess sich dazu von der Etüde op. 10 Nr. 5 von Chopin begleiten. Doch war es, ach leider, sein Schwanengesang als Konzertsänger, denn der Beifall erschreckte ihn so sehr, dass er sich tief in meinem Ausschnitt verkroch und nie wieder vor Zuhörern sang.

Mir jedoch bereiteten unsere privaten, intimen Konzerte noch mehrere Jahre lang eine grosse Freude. Er liebte Musik, die Triller aufwies, und sehr schnell im Diskant gespielte Tonleitern; und obwohl ich keinesfalls behaupten will, dass er ein Klavierstück vom anderen unterscheiden konnte, hatten manche zweifellos einen besonderen Reiz und inspirierten ihn zu spontaneren Ausbrüchen. Ich bin der Ansicht, dass er nach Chopins *Berceuse* die Triller erlernte, doch lässt sich so etwas natürlich nicht beweisen. Nie sang er so schön wie am frühen Morgen, und je schneller ich spielte und je höher ich in den Diskant ging, um so inbrünstiger verströmte er seine Seele in einer Ekstase, die vielleicht nicht so melodiös, aber bestimmt ebenso tief wie die einer Lerche war.

Ich bedaure es gar zu sehr, dass ich keine Schallplatte vom Gesang meines Spatzen herstellen liess, als er am besten war, es wäre sicher etwas Einzigartiges geworden, und man hätte ihr wohl einen Ehrenplatz in der Bibliothek britischer Vogelgesänge eingeräumt; doch der unvergleichliche Ludwig Koch[2] war uns damals in England noch nicht bekannt, Plattenaufnahmen waren nicht möglich, und als der Krieg vorüber war und wir wieder normale Verhältnisse hatten, hatten sich seine Leistungen deutlich verschlechtert.

Der Gesang bestand aus zwei Abschnitten, die sich scharf voneinander unterschieden und manchmal auch separat gesungen wurden. Wer dem Gesang aus einem Nebenzimmer lauschte, glaubte oft, es sei nicht nur ein Vogel, der singe. Der erste Teil oder die Einleitung war ein Ausdruck des Vergnügens, der guten Laune und einfacher *joie de vivre,* während der zweite Teil, das eigentliche Lied, ein Verströmen reinen Entzückens war. Beide Teile waren gewöhnlich in F-Dur, aber falls ich mich nicht verhörte, variierte der zweite Teil (wenn er allein gesungen wurde) in der Tonhöhe um eine kleine Terz, je nach Intensität.

Die Einleitung begann mit dem üblichen Sperlingsgezwitscher, obwohl es im Ton weniger schrill als dasjenige war, das uns oft in der ersten Morgenfrühe durch seine Eintönigkeit ärgert, und es senkte sich um eine volle Quarte von der Tonika zur Dominante. (Gerade eben zwitschert vor meinem Fenster ein Sperling in Quarten von F nach C.) Auf diesen Intervall folgte eine ganze Quinte von G nach C; und diese wurden wiederholt und mit Mordenten oder (manchmal) mit Vier-Noten-Trillern verziert. Dann folgte eine schnelle Triole, die zur Tonika zurückführte und unbeschränkt

wiederholt wurde. Ich schrieb es mir auf und gebe
es hier wieder:

Es tut mir unendlich leid, dass ich nie den zweiten Teil niederschrieb, der bei weitem musikalischer war; und da mein kleiner Virtuose seit seiner Krankheit nicht mehr geübt hat und ich die
Melodie seit vielen Monaten nicht mehr gehört
habe, darf ich es nicht tun, wenn ich sie ganz
genau wiedergeben will. Ich kann nichts weiter
sagen, als dass es mit einem Acht-Noten-Triller
begann, auf den ein hoher, süsser, klagender Ton
folgte. Dann sank es mit einem Intervall, an das
ich mich nicht mehr gut erinnern kann, und stieg
in einem zweiten Acht-Noten-Triller um eine
ganze Quarte höher als der erste. Dieses Thema
wiederholte er mehrere Male und brach dann
manchmal unvermittelt ab, doch häufiger geschah
es, dass er zur Tonika zurückfand. Es fehlte dem
Ton an jener Brillanz unserer besten Singvögel,
doch die Schönheit im Diskant war unbestritten.
Abgesehen vom einleitenden Herumtasten war der
Gesang unverwechselbar und, soweit ich es beur-
teilen kann, mit keinem anderen Vogel zu vergleichen. Wenn der Käfig am Fenster stand, konnte
man ihn schon die ganze Strasse entlang hören
und sofort erkennen. Ein Rubato kam nicht vor,

nur eine verstärkte Intensität, die in Augenblicken grösster Glückseligkeit den Eindruck eines Accelerando erweckte. Abgesehen von der ersten Woche der Mauser sang er das ganze Jahr hindurch und erfreute uns oft zu Weihnachten mit einem Weihnachtssang.

Ein einziges Mal nur umfasste einer seiner Triller mehr als acht Noten, was ich sehr enttäuschend fand. Gegen Ende seines fünften Lebensjahres gab er leider die musikalischeren Verzierungen seines Sanges ganz auf und ersetzte sie durch ein heiseres Krächzen, das sich so anhörte, als räuspere er sich, doch hierauf war er anscheinend über die Massen stolz. Seine Kunstfertigkeit war nicht makellos, aber Sperlinge sind keine musikalische Familie, und seine Darbietung war für einen Vertreter seiner Art eine Spitzenleistung.

Meine Versuche, seinen Ehrgeiz anzustacheln und ihn zu verlocken, sich grössere Mühe zu geben, waren alle vergeblich. Ich wollte ihn mit einer Platte von Beatrice Harrisons[3] *Gesang der Nachtigall* verführen, aber er interessierte sich nicht dafür und zog statt dessen den Staubsauger oder die Schreibmaschine vor. Die Sendungen der British Broadcasting Corporation liessen ihn völlig kalt, falls sie ihn nicht gar ärgerten, wenn er sich schon zur Ruhe begeben hatte. Dann pflegte er an den Stäben zu rattern und sein Glöckchen zu läuten, bis das Radio abgestellt wurde.

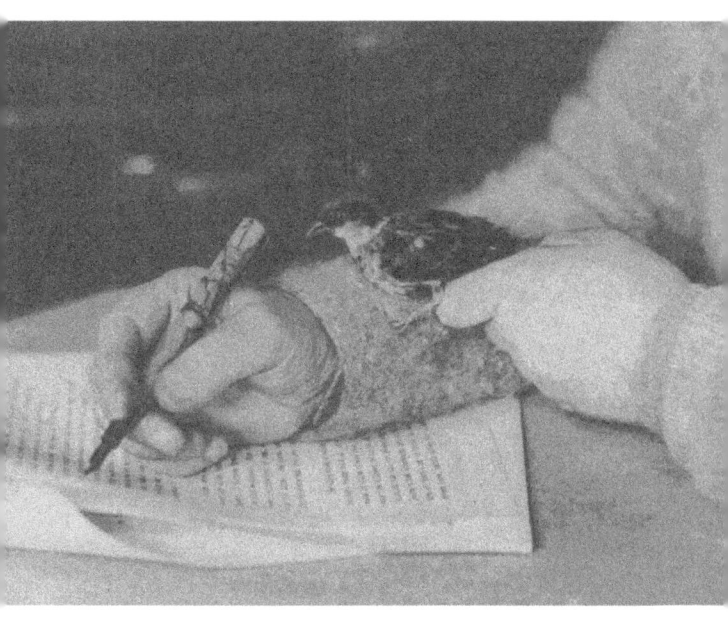

Ich verschaffte ihm einen Spiegel und hoffte, er würde, wie es die Kanarienvögel zu tun pflegen, hineinsingen, doch auch das interessierte ihn nicht. Er konzentrierte sich jedoch plötzlich auf die schwere Messingglocke, die von seinem Dach niederhing, zerrte sie vom Haken los und schleppte sie umher. Manchmal hielt er sie am Rand und manchmal am Klöppel, und dann nahm ihm die Glocke natürlich alle Sicht, so dass er oft Hals über Kopf hinpurzelte und es aufgeben musste. Es ist sehr leicht möglich, dass er mit diesem herkulischen Kraftakt seinem Rivalen hinter der Glasscheibe imponieren wollte, denn sobald ich den Spiegel entfernt hatte, liess er die Glocke ruhig oben am Haken hängen.

Als letzte Hoffnung lieh ich mir einen Harzer Roller und versteckte ihn hinter einer Leinwand dicht neben seinem Käfig, so dass er hören konnte, wie er Stunde um Stunde sang; aber er bekümmerte sich nicht weiter um ihn, nur hörte er zu singen auf, bis der andere aufhörte. Nie machte er den leisesten Versuch, den anderen nachzuahmen oder zu übertreffen, obgleich der Kanarienvogel zu höchsten Leistungen an Koloraturvirtuosität angespornt wurde und ihn sehr bald verstummen machte. Da der Versuch misslungen war, brachte ich den Gast nach einer Woche seiner Eigentümerin zurück, und mein Vogel nahm seine gewohnten Übungen wieder auf, als sei er nie unterbrochen worden. Sicher hatte ich das Experiment zu spät unternommen. Während seines ersten Lebensjahres hatte er am Klavier singen gelernt, und obwohl er den Ton und die Gewandtheit durch ständige Arbeit verbesserte (abgesehen von der Verhunzung, die ich schon erwähnte), veränderte er nie die Tonfolge, sondern nur die Tonhöhe. Es lag ihm nur an der Entwicklung seines ihm eigentümlichen Talents, und bestimmt kann kein Vogel härter gearbeitet haben, um seinem Sang Vollkommenheit zu verleihen. Er übte ständig, wiederholte jedes kleine Motiv wieder und wieder und biss vor lauter Qual, sich nicht vollendet ausdrücken zu können, in die Gitterstäbe seines Käfigs. Von solchem Stoff sind alle wahren Künstler! Leiden ist die einzige Schule, in der sie vorankommen können.

Ob mein Spatz wohl gesungen hätte, wenn ich nicht selbst professionelle Musikerin gewesen wäre, die sich bemühte, ständig weiterzuüben? Das ist eine Frage, die ich mir oft gestellt habe. War ich Svengali und er mein Trilby?[4] Ich kann es nicht sagen. Alles, was ich mit Sicherheit weiss, ist, dass in allen Tieren eine Intelligenz schlummert, die entsprechend dem Mass an Liebe und Freundschaft, das der Mensch ihnen entgegenbringt, in verschiedener Stärke entwickelt werden kann. Die Literatur ist voll von erstaunlichen Geschichten, die an sich schon Beweis genug für meine Behauptung sind, und die rührendste, die ich je gelesen habe, handelt von dem berühmten Landstreicher-Hund von

Québec, der gesehen hatte, wie sein Herrchen mit einem Schiff abgefahren war, und nun fünf Jahre lang die ankommenden Schiffe am Pier begrüsste, alle Angebote von Schutz und Zuneigung ablehnte und offenbar an gebrochenem Herzen starb.

Oder dann die Geschichte von Buffalo Bills Pferd, dessen Herr gestürzt war und in grösster Gefahr am Rande eines Abgrunds hing, aber das Pferd galoppierte heim und bat mit Wiehern und Scharren um Hilfe, bis jemand sich auf seinen Rücken schwang, zur Unglücksstätte zurückritt und seinen Herrn rettete. Und später, als der Herr starb, wie das Pferd da mit allen Anzeichen von Trauer das Gesicht seines Herrn im Sarg beschnüffelte!

Und noch eine Geschichte möchte ich erzählen, für deren Wahrheit ich mich verbürgen kann. Kurz vor der Einnahme von Singapur leitete eine Missionsärztin dort eine Erste-Hilfe-Station, als ihr ein kleiner Strassenköter gebracht wurde, der sich das Bein verletzt hatte. Er wurde erfolgreich behandelt und ein paar Tage später wieder fortgeschickt. In der nächsten Woche bemerkten die Ärztin und die Schwestern einen Hund, der sich dem Zelt näherte und einen ungefügen Gegenstand heranschleppte. Es war ihr Patient. Er hatte ihr ein Kniekissen gebracht, das er aus der Kathedrale gestohlen haben musste. Nachdem er es der Ärztin als Zeichen der Dankbarkeit zu Füssen gelegt hatte, bellte er fröhlich und wedelte mit dem Schwanz, und dann lief er fort.

Es heisst immer, dass der britische Bulle das unzuverlässigste und am schwersten zu zähmende Tier sei, und doch kannte ich in meiner Kinderzeit einen weissen Bullen, der keinen Nasenring trug und sehr umgänglich war, und der Farmer, der ihn grossgezogen hatte, ritt regelmässig auf ihm in das Dorf, in dem ich zu Hause war. Der Stier liess sich bloss durch des Farmers Stimme und durch eine Schnur, die am Nasenriemen befestigt war, willig lenken, und vor einem Laden oder der Kneipe pflegte er treu und geduldig auf seinen Herrn zu warten.

Und ich habe auch gesehen, wie ein riesiges Nilpferd sein mächtiges, mahlendes Maul aus einem Pfuhl im Zoo hob, wenn sein Wärter es mit seinem Namen »Daisy« rief, und wie ein Hund kam es zu ihm. Und ich kenne Tiere mit noch weniger Intelligenz, Igel, Kröten und sogar Blindschleichen, die ihre Besitzer erkannten und es auch zeigten, wenn diese näher kamen. Vögel sind sicher intelligenter als das niederste dieser Geschöpfe, aber wir wissen auch über sie erst sehr wenig, wie die Ornithologen zugeben.

So wie ein Hündchen seinen Herrn nachahmt und manche seiner Eigenschaften und sogar ein gewisses Mass seines Wesens annimmt, so ahmte mich auch mein Spatz in mancher Hinsicht unbewusst nach. Ich möchte nur ein Beispiel anführen. Wenn ich einen Brief, ein Paket oder eine andere

Mitteilung erhalte, von der ich annehmen darf, dass sie mir viel Vergnügen bereiten wird, dann zögere ich so lange, sie zu öffnen, bis ich mich ebenso ordentlich und vorzeigbar gemacht habe, als wenn ich einen Gast erwarte, und dann setze ich mich zurecht, so dass ich dieses Vergnügen in aller Bequemlichkeit und Würde geniessen kann. Das ist nur eine dieser sonderbaren Eigenarten, wie sie sich bei Menschen, die allein leben, leicht einstellen. Und wenn nun mein kleiner Vogel wusste, dass er einen besonderen Leckerbissen oder einen Löffel voll Sahne und Zucker erwarten durfte, dann bereitete er sich oft auf sehr ähnliche Art darauf vor, indem er sich die Federn putzte und sich auf einem besonders hierfür erkorenen Platz zurechtsetzte, bevor er das Geschenk entgegennahm. Das ereignete sich in den Jahren vor seiner Krankheit so oft, dass man es eine Gewohnheit nennen und es nicht als Zufall abtun kann.

Eine sklavische Liebe zu Tieren billige ich nicht, ziehe sie aber der Grausamkeit oder der sklavischen Eigenliebe bei weitem vor. Natürlich muss man Tiere »auf den ihnen zukommenden Platz verweisen«, aber hat der Mensch nicht viel zu sehr vergessen, welches dieser Platz ist, und nicht generell seine Pflicht gegenüber der sogenannten niederen Schöpfung versäumt? In den letzten hundert Jahren ist gottlob in manchen Ländern das Gewissen der Allgemeinheit erwacht, und es sind viele Gesellschaften zum Schutze der Tiere gegründet worden. Und doch gibt es in England noch heutigentags den Inbegriff aller Grausamkeit und Schlechtigkeit: das Fangeisen mit Stahlzähnen. Wo keine Furcht herrscht, wird jedes Tier auf Zuneigung reagieren, und das Ergebnis ist, wie wir wissen, oft ganz wunderbar. Mein Spatz sang, weil ich spielte und weil er wusste, dass ich ihn liebe. Das ist, glaube ich, die Antwort auf die vorhin aufgeworfene Frage.

Ich gäbe viel darum, besässe ich eine Fotografie von ihm aus der Zeit, als sein Fächerfittich im Takt mit dem Trillern der kleinen Kehle zitterte, doch hierfür ist es ein für allemal zu spät. Die verkrüppelte Schwinge wuchs nämlich nach jeder Mauser etwas weniger aufrecht in die Höhe, bis sie, mit elf Jahren, kaum noch auffiel. Ich fand das sehr schade, denn irgendwie zeichnete es ihn vor anderen Vögeln aus, und wenn man genug Mut hat und eine starke Persönlichkeit ist, dann kann auch eine Missbildung zur Auszeichnung werden. Als er vier Jahre alt geworden war, konnte er quer durchs Zimmer fliegen, unsicher zwar, jedoch mit wachsendem Selbstvertrauen.

Man kann sich wohl vorstellen, dass der junge Musikant bald die Aufmerksamkeit der in Freiheit lebenden Vögel in unserer Nachbarschaft auf sich zog. Ich versteckte mich oft im Gebüsch und beobachtete, wie sie gegen sein Fenster flogen, manchmal einzeln, manchmal zu zweien und dreien, und hineinstarrten und sich in offensichtlichem Staunen gegenseitig anrempelten. Falls Vögel gern klatschen, dann muss damals auf Dächern und in Büschen sehr viel über den seltsamen Verwandten mit dem krummen Flügel geschwatzt worden sein, der in einem Haus wohnte, aus dem er nicht fortfliegen konnte, und der ganz anders als alle Welt sang! Spatzen, Meisen und gelegentlich Rotkehlchen waren am neugierigsten, und ich wünschte nur, ich wäre mit der Vogelsprache ausreichend vertraut gewesen, um ihre Bemerkungen verstehen zu können.

Mein Spatz liebte jedoch wie alle Singvögel auch seine Ruhe und vor allem seine Mittagsruhe. Es war kein geringer Teil unserer perfekten Kameradschaft, dass wir lange Stunden friedlicher Betrachtung zusammen geniessen konnten. Ich liebe weder Geräusche noch zuviel Musik. Ich liebe stille Wände um mich her, auf die ich meine Gedanken malen kann. Und wenn sie wertlos sind, kann ich sie durch andere ersetzen, die grösser als meine eigenen sind. Musik kann berauschen, trösten, anregen und das Leben bereichern, aber erst in der Stille wächst des Menschen Geist.

Interessant wäre es gewesen, hätte man erfahren können, ob Abkömmlinge meines Spatzen, falls sie in ähnlichen Verhältnissen aufgewachsen wären, auch gesungen und vielleicht ein höheres musikalisches Niveau erreicht hätten. Doch da er sein

Leben lang Junggeselle blieb, ist es eine müssige Frage.

Im Hinblick auf seine Stimme, seine körperliche Erscheinung, die Schönheit seines Gefieders und den Verstand erreichte er wohl mit dem fünften oder sechsten Lebensjahr den Höhepunkt. Wahrscheinlich ist es auch die Blütezeit im Leben der Sperlinge im allgemeinen, falls sie so glücklich sind, dieses Alter trotz aller Härten und Fährnisse eines Lebens im Freien zu erreichen.

Einer der entzückendsten musikalischen Augenblicke war für mich sein Gesangsausbruch, wenn er zu mir flog und mir den ersten Gruss des Tages in Form eines Morgenständchens darbrachte. An solchen Erinnerungen hänge ich, und sie sind unauslöschlich.

4

Sein Liebesleben

Eine Liebesgeschichte darf in keiner Biographie fehlen. Jedenfalls scheint das die allgemeine Ansicht zu sein, wie man wohl aus den unermüdlichen und ganz unmoralischen Bemühungen der Biographen schliessen kann, die auf der Suche nach einer Liebesaffäre den persönlichen Briefwechsel unserer »Grossen Toten« durchschnüffeln.

Doch die Liebesaffären meines Spatzen waren – wenn er überhaupt welche hatte – verschwommen, vage und unreif. Wenn Amors Pfeile sein kleines Herz je trafen, so müssen sie sicher daran abgeglitten sein, ohne Wunden zu hinterlassen.

Manchmal frage ich mich, ob es gütiger und weiser gewesen wäre, wenn ich ihn nie die Vögel draussen hätte sehen lassen. Vielleicht wäre er dann bis an sein Lebensende ein erwachsenes Nesthockerchen und für mich ein ganz und gar zufriedener Gefährte geblieben. Doch waren Licht und frische Luft seiner Gesundheit sehr zuträglich, und falls ihm je Gedanken an Entbehrungen oder ein durchkreuztes Leben schwach zu Bewusstsein gekommen sein sollten, wenn er die Natur draussen sah, die nicht für ihn da war, dann wurde er doch, das spürte ich, durch ein viel deutlicheres Gefühl entschädigt, dass er geliebt wurde und von grosser Wichtigkeit war.

Obwohl er oft auf dem Fensterbrett gesessen hatte, zeigte er während der ersten vier Lebensjahre doch nie für das, was sich jenseits der Scheiben abspielte, das leiseste Interesse. Ich war seine kleine Welt, und das eine Mal, als ich ihn in den Garten getragen hatte, versteckte er sich in meinem Kleid; doch als ich anfing, seinen Käfig ins Fenster zu stellen, wurde er allmählich des wilden Lebens gewahr, das näher kam und ihn umflatterte und umzirpte.

Es war interessant, dieses allmähliche Erwachen zu beobachten, aber die neue Bekanntschaft mit den in Freiheit lebenden Vögeln änderte ihn auf manche Weise. Aus irgendeinem geheimnisvollen Grunde, der sich durch ihr Benehmen nur zum Teil erklären lässt, lehrten sie ihn Furcht. Der Anblick einer Katze – den er vorher mit Gleichmut ertragen hatte – versetzte ihn in panische Angst. Ich musste einen Gazevorhang über die untere Fensterscheibe spannen, so dass er wohl den Himmel und die Bäume sehen konnte, doch die Tiere auf der Erde wurden seinen Blicken dadurch entzogen. Dann begann er unruhig zu werden, wenn etwas über seinem Kopf hing oder darüber hinwegstreifte; und wenn ich meine Hand über ihn hielt, als schwebte sie wie ein Falke, blickte er auf und duckte sich mit angelegten Federn, als habe er Angst. Doch der Hauptdarsteller in seinem Schauerdrama war der

Fensterputzer. Möglicherweise erinnerte die Hand mit den seltsam kreisenden und niederfahrenden Bewegungen an die Klaue eines riesengrossen Raubtieres. Aber was auch die Ursache gewesen sein mochte, das Entsetzen, das der Mann einflösste, war so unverkennbar, dass ich den Käfig wegnehmen und mit einem dunklen Tuch bedecken musste.

Manchmal gab es mir einen Stich, wenn ich sah, wie er auf den Ruf seiner Verwandten reagierte, gegen das Oberlicht flog (denn damals konnte er eine kurze Strecke fliegen) und ihnen mit hoher, dünner, durchdringender Stimme antwortete; und doch, wenn sie ins Zimmer kamen, wie sie es nach mehreren Wochen ohne jede Furcht taten, dann schien er sich überhaupt nichts aus ihnen zu machen. Oft sah er mit komisch selbstbewusstem Ausdruck zu mir auf, als fragte er mich: »Sollte ich diese Leute kennen?«, und er schien erleichtert, wenn sie wieder fortflogen. Nur ein einziges Mal verriet er den Wunsch, sich zu ihnen zu gesellen, als sie nämlich in kleinen Gruppen stritten und scheltend durch die Büsche purzelten, denn er liebte eine kleine Rauferei sehr und dachte zweifellos, dass er sich gut mit ihnen messen könne. Meines Wissens zeigte er nie das geringste Interesse an den Meisen und Spatzen, die sich ihm ganz offensichtlich (metaphorisch) zu Füssen warfen.

Verheiratete Damen – oder ich sollte wohl besser sagen: Damen im heiratsfähigen Alter – besuchten ihn im Frühjahr und Sommer fortgesetzt und machten ihm, ohne sich zu schämen und in aller Öffentlichkeit, Liebeserklärungen. Ein Rotkehlchen kam regelmässig, und Spatzenfräulein in Begleitung ihrer Herren, die sie dann und wann ermahnten und zwickten, sassen auf meinem Bettrand, bis ich sie aus Gründen der Reinlichkeit wegscheuchte. Natürlich können letztere auch Ausflügler gewesen sein, die nur aus Neugierde mal hereinschauen wollten.

Die verrückteste seiner mutmasslich weiblichen Verehrer war eine kleine Blaumeise. Vom Morgengrauen bis in die Dämmerung hinein belagerte sie sein Fenster, flatterte auf und ab, pochte dagegen und flehte kläglich, zum Objekt ihrer zarten Leidenschaft vorgelassen zu werden. Wenn ich das Oberlicht aufmachte, flog sie geradewegs herein, kümmerte sich nicht die Spur um meine Nähe oder mein Dazwischentreten und klammerte sich an die Käfigwand oder setzte sich aufs Dach und schwirrte auf sehr wenig mädchenhafte Art mit den Flügeln. Er ignorierte sie völlig – typisch Mann, denn Männer hassen Szenen und haben eine sehr vernünftige Abneigung gegen hysterische Frauen. Meistens stieg er in seine »Küche« hinunter und brach ostentativ Samenkörner auf, bis ich die Meise mit der Hand wegnahm und ihn aus seiner Verlegenheit erlöste.

In drei aufeinanderfolgenden Jahren umwarb sie ihn, doch ihre jugendliche Schönheit und all ihre reizenden weiblichen Tricks nützten ihr gar nichts. Sein Herz blieb eisern, und wenn Tränen unerwiderter Liebe in der zarten Dämmerung eines Sommerabends vergossen wurden, so fielen sie höchstens jenseits der Fensterscheibe. Was dann aus ihr wurde, weiss ich nicht. Vielleicht starb sie wie Elaine aus Liebe zu ihrem Lancelot, und da es in dem kleinen Rosengarten eines Vorstadtbungalows keinen lichten Kahn und keinen glänzenden Fluss gibt, trugen die Aaskäfer sie unbesungen und unbeweint in ein frühes Grab. Für meinen Spatz muss es wie ein Schauspiel gewesen sein, in dem er keine Rolle hatte. Ich glaube, sein Leben lang sind ihm Vögel rätselhaft erschienen, und ihren Verwandtschaftsgrad zu ihm hat er wohl nie richtig verstanden. Ich brauchte ihn nur vom Bett aus oder sogar von der Tür aus zu rufen, und er flog zu mir, kuschelte sich an meinen Hals und vergass alles andere.

Doch vom März bis zum Oktober machte er *mir* richtig den Hof, stolzierte auf meiner Hand und auf meinem Arm auf und ab, spreizte Flügel und Schwanz, sah mit gesträubtem Schopf zu mir auf, verbeugte sich andauernd und führte alle bekannten Possen einer Balz auf. Wenn ich aber in die Nähe meines Bettes ging, und sei es auch nur, um dort etwas abzulegen, während er im Käfig sass, dann raste er ringsherum und klopfte an die Tür, so begierig war er, zu mir zu kommen und sofort mit dem Familienleben zu beginnen.

Ich glaube, damals gewann auch das Nachmittagsschläfchen unter der Daunendecke eine andere Bedeutung für ihn; für seinen kleinen Verstand war es nicht länger das Nest seiner Kindertage, sondern wurde zum Nest, das er für sich selbst gebaut hatte. Nicht selten nahm er ein Streichholz oder noch lieber eine Haarnadel mit aufs Lager, und hierbei näherte er sich meistens behutsam, als ob er befürchtete, gesehen oder verfolgt zu werden; und wenn diese Schätze, die vermutlich als Grundsteine gemeint waren, auch immer verlorengingen oder beiseite gelegt wurden, ehe er sich endgültig auf seinem Nistplatz niederliess, so wühlte er doch seinen kleinen Körper an seiner bevorzugten Stelle ein, zupfte und zwickte und zog am Bettuch und wirtschaftete mit dem Schnabel herum, bis er eine runde und bequeme Mulde hatte. Ich musste die Augen schliessen, wenn er mit seiner Haarnadel über mein Gesicht rannte, und liess er sie dabei zufällig fallen, dann hackte er nach mir, als sei es meine Schuld.

Es ist vielleicht merkwürdig, dass er als Vogel, der nach Herkunft und Vererbung kein Haustier war, nie einen ernsthaften Versuch unternahm, sich ein Nest zu bauen. Natürlich hätte er es wohl getan, wenn er ein Weibchen gehabt hätte, aber das lässt sich nicht sagen. Ich schenkte ihm oft Moos, Federn, Heu, Stroh und anderes Material, das von der Natur in ihrer Eigenschaft als Baustoffhändle-

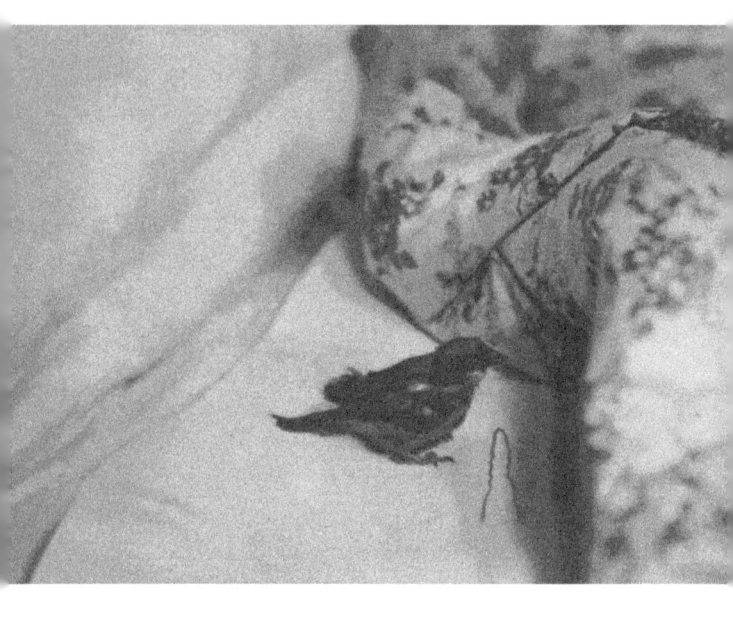

rin gratis erworben werden kann, aber entweder übersah er es, oder er tat beleidigt und rannte davon. Ich bot ihm sogar eine Schlüsselblume an, da ich wusste, welch traurige Vorliebe seine Vettern im Garten für diese Blumen hatten, aber er liess sie verächtlich am Bettrand liegen. Sie »war für ihn eine gelbe Schlüsselblume und nichts weiter«,[5] also kehrte er zu seinen Haarnadeln zurück.

Die Nadeln entnahm er meinem Haar, da er zweifellos glaubte, sie seien einzig für ihn dort hingesteckt worden. Er rannte mit ihnen ins Bett und liess sie dann liegen, als ob er sie eigentlich doch nicht gebrauchen könne. Vielleicht fand er, dass meine Slumberland-Federkernmatratze mit ihrem luxuriösen Bezug hinreichend warm und weich war, um zu beschützen, was immer in einem Nest sein mochte. Natürlich sollte ich dauernd auf meinem Platz im Bett liegen und ihm Gesellschaft leisten, denn sobald ich ihn verliess, wartete er entweder meine Rückkehr ab oder suchte seinen Käfig auf. Aber solange ich neben ihm lag, war er überaus zufrieden und teilte seine Freude und seinen Besitzerstolz bedingungslos mit mir. Manchmal, wenn ich mich rührte oder unruhig lag, stiess er komische kleine Gurrtöne aus, sehr ähnlich denen einer Henne, wenn sie beim Brüten gestört wird; wenn aber alles ruhig war, murmelte er leise und unsagbar glückliche kleine Liebeslaute vor sich hin (oder zu mir), die auf ein paar Meter Entfernung schon nicht mehr zu hören waren. Und oft stahl er sich aus seinem heimlichen Nest, stand einen Augenblick still, und dann rannte er wieder hinein und brach dabei plötzlich in ein so ekstatisches Lied aus, dass ich mir nicht vorstellen kann, was dem an reinster Verzückung wohl gleichkäme.

Ich gehöre nicht zu denen, die von den Vögeln geliebt werden. Sie fliegen mir nicht unaufgefordert zu, wie sie es beim heiligen Franziskus oder bei Henry David Thoreau taten; und doch frage ich mich manchmal, ob wohl je ein menschliches Wesen auf intimere Weise Zwiesprache mit der Natur gehalten hat als ich – wenigstens in dieser einen Beziehung – oder ob sich jemals einem Menschen so offen das Geheimnis der Verzückung enthüllt hat, die das Herz der kleinen Vögel erfüllt, wenn sie an geheimen Orten ihre Eier ausbrüten. Und ich frage mich auch, wenn mehr Menschen um die Innigkeit dieses Glückes wüssten, ob es dann weniger verwüstete und geplünderte Vogelnester gäbe.

In den Frühlings- und Sommermonaten liess ich meinen Spatz regelmässiger in den Genuss seiner Nestphantasie kommen. Obwohl der Krieg sich dem Ende näherte, war ich noch immer ständig auf Nachtdienst und hatte ein Mittagsschläfchen verdient. Um nun mein Gewissen zu beruhigen und die kostbaren Stunden nicht verschwendet zu haben, pflegte ich unter der Bettdecke Seite um Seite Noten auswendig zu lernen, während er träumte und brütete. Wenn ich aber im Hause arbeiten musste, ermunterte ich ihn dazu, sich in meinem Pullover ein vorübergehendes Nest zu bauen, und so konnte er stundenlang sitzen und sich seinen glücklichen Träumen überlassen, oder er warnte mich mit seinem scharfen, kleinen schwarzen Schnabel, wenn ich ihn störte. Selbst dieses Ersatznest hielt er makellos sauber, und wenn es nötig war, flog er zu seinem Käfig zurück, falls der gerade in Sicht war (sonst gab er sich mit irgend etwas anderem, was ihm praktisch schien, zufrieden), um sich zu waschen und frisch zu machen, und dann kam er wieder.

Um diese Zeit zeigten sich noch einige andere merkwürdige Entwicklungen in seinem Benehmen, die es wert sind, festgehalten zu werden. Er lernte – vermutlich von seinen wildlebenden Besuchern –, an den Fensterscheiben Fliegen zu fangen. Das war erstaunlich, da sie ihm vorher immer gleichgültig gewesen waren, und nie im Leben hatte er Insekten gefressen. Jetzt aber jagte er sie mit grosser Gewandtheit, packte sie gierig und verschlang sie augenblicklich mit dem grössten Behagen.

Dann missfiel es ihm auch plötzlich, wenn man ihn einfing oder vielmehr ergriff, und selbst auf meiner Hand wollte er nicht mehr sitzen; und er machte mir klar, dass er künftig aus eigenem Antrieb zu mir kommen wolle. Ich durfte ihn nicht mehr aufheben oder ihm meinen Finger hinhalten,

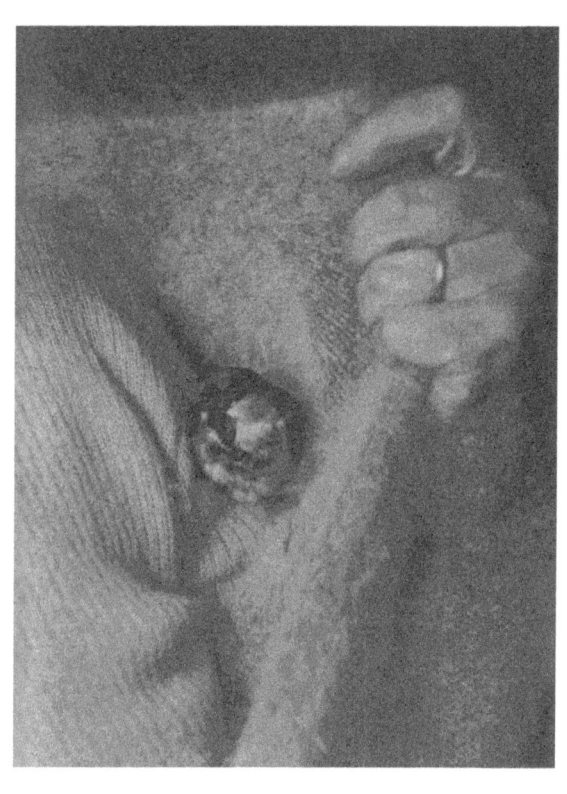

sondern musste eine neue Form der Annäherung erlernen und ihm meinen Arm (und zwar nur den rechten, bitte schön!) anbieten, auf den er dann mit grosser Würde hüpfte. Niemals, nicht einmal nach seiner Krankheit, liess er in seiner Entschlossenheit nach, auf diesem Punkt als einer besonderen Form der Etikette zu beharren. Manchmal willigte er ein, einem bevorzugten Gast ein paar Kunststücke vorzuführen, doch nur, wenn er selbst Zeitpunkt und Art der Darbietung wählen durfte, und er strafte mich mit einem empörten Schnabelhieb, falls ich ihn um eine Zugabe bat.

Ja, er war eben erwachsen. Er war ein Mann geworden und musste mir, ausser in seltenen Augenblicken der Intimität, stets beweisen, dass er der Herr war und dass ich tun musste, was er wollte. Vor allem musste ich es unterlassen, Möbelstücke und andere vertraute Gemarkungszeichen von der gewohnten Stelle zu rücken. Er nahm jede Veränderung in seiner Umgebung übel, und als der Gärtner einen Baum draussen vor seinem Fenster umschlug, wurde er fast verrückt! Es war natürlich ein wichtiger Baum, da er seinen Verehrerinnen als Tribüne gedient hatte, und obwohl er die Liebe einer Dame zurückwies, so wollte er doch, wie die meisten Männer, von ihr bewundert werden. Es dauerte mehrere Tage, ehe er sich mit dem schweren Verlust aussöhnte – oder, was wahrscheinlicher ist, ihn vergass. Er war auch sehr heftig dagegen, dass ich in einem neuen Kleid erschien, und selbst ein ungewöhnlicher Hut oder neue Handschuhe riefen scharfen Protest hervor. Als ich ihm einmal einen Hanfsamen mit einem Finger anbot, der einen Verband trug, flog er fort und weigerte sich, mich zu kennen.

Das Reinigen seines Käfigs war ihm schon immer ein Ärgernis gewesen, jetzt aber wurde es geradezu unerträglich. Er versteckte sich nun in den Gardinen oder hinter einem Kissen und brummelte dabei nicht wiederzugebende Worte vor sich hin; von Zeit zu Zeit steckte er den Kopf heraus, um zu sehen, wie die Arbeit vorankam; und fand er bei der Rückkehr, dass die Anflugstangen, Futternäpfe und das Bad nicht genau am gleichen Platz wie vorher waren, dann weigerte er sich, den Käfig zu betreten. Auch dieses kritische Getue hat wohl seinen Grund im Nistinstinkt. Vögel müssen sehr achtsam sein, wenn sie den Weg zum Nest mit Sicherheit wiederfinden sollen, und ein gebrochener Ast, die veränderte Lage eines Steins oder sogar ein geknickter Zweig kann schon die Anwesenheit eines Feindes bedeuten. Ich kann mir keinen anderen Grund für sein Betragen denken, und wahrscheinlich verhält es sich auch so.

Die Leute fragen mich oft, weshalb ich ihm nicht ein Kanarienweibchen als Braut angeboten habe. Meine Weigerung, dies zu tun, hatte dreierlei Gründe. Erstens war es ganz klar, dass das Nest (und die Nestlinge) in meinem Bett gewesen wären, wo ich dann endlos lange mucksmäuschenstill hätte liegen müssen. Zweitens: Was sollte ich mit einem Haus voll junger Vögel anfangen? Der Gedanke, die Kinder meines Spatzen zu verkaufen, war mir grässlich, und ein Leben in Freiheit wäre überaus gefahrvoll für sie gewesen. Und drittens hegte ich den starken Verdacht, dass er seine Frau, falls er sie überhaupt geheiratet hätte, über kurz oder lang in einem Eifersuchtsanfall umgebracht hätte. Daher unterliess ich das Experiment.

Bei drei verschiedenen Gelegenheiten, als mir halbflügge Sperlinge gebracht worden waren, die man der Katze entrissen hatte und die ich pflegte, bis sie starben oder freigelassen werden konnten, zeigte er jedesmal sowohl mir wie den Eindringlingen seinen stummen Groll. Zweifellos wäre es für ihn leichter gewesen, wenn ich sie in einem anderen Raum gepflegt hätte, aber er war es, bei dem sie das Vertrauen lernten. Ich brauchte so ein hungriges Zwergenkind nur in der Hand zu bergen, und kaum hatte es gesehen, wie ich ihn durch die Stäbe seines Käfigs fütterte, dann schöpfte es Mut und begann ihm alles nachzumachen. Bald tranken beide unerschrocken aus demselben Teelöffel, obwohl ich immer aufpassen musste, sonst hätte ein eifersüchtiger Schnabel heftig zugehackt. Ich wagte es auch nie, sie allein zu lassen.

Diese kleinen Heimatlosen waren alle drei ganz verschieden. Das erste liebte mich abgöttisch, und ich hatte die grössten Schwierigkeiten, es zum Wegfliegen zu bewegen. Es kam ständig zu mir zurück, und zu guter Letzt musste ich es einer Nachbarin geben, damit die es freiliess. Das zweite war sehr schwer verwundet und kroch in erbarmungswürdigem Zustand aus seinem Kästchen in meine Hand, nur um sogleich zu sterben; das dritte dagegen wollte von mir überhaupt nichts wissen. Clarence war sein Schwarm, sein Held, und es stand stundenlang vor seinem Käfig und schaute zu ihm auf. Wenn er zwitscherte, frass oder sich die Federn putzte, tat es das gleiche. Es war amüsant, dieses sklavische Nachahmen zu beobachten; doch als es dann in den Garten gesetzt wurde, flog es sofort weg und liess sich nie wieder blicken.

Ich bin schon lange von der Individualität der Vögel überzeugt, einem Thema, das Miss Len Howard in ihrem interessanten Buch *Birds as Individuals*[6] behandelt, und habe seit jeher geglaubt, dass man in jeder Spezies herausragende Charaktere finden kann, Originale, Pioniere und vielleicht sogar, auf ihrer Ebene, so etwas wie Genies. Unter den Möwen war es vielleicht zuerst eine vereinzelte, die entdeckte, welch grossartige Futterplätze das grüne Binnenland in Sturmzeiten bot, und wohl auch eine erste Auswanderernatur, die einen Schwarm zum erstenmal über das Meer führte. All ihr Tun muss einen Anfang gehabt haben, der nicht gänzlich auf den Zufall zurückgeht. Es ist eine Binsenweisheit, zu behaupten, dass keine zwei Geschöpfe gleich sind. Massenproduktion lag nicht in Gottes Schöpfungsplan, und als wir Menschen es taten, entfernten wir uns damit, so unvermeidlich es uns bei der Entwicklung der modernen Zivilisation auch scheinen mag, doch so weit von Gottes Ziel und Leitung, dass wir jäh in die Strasse einbogen, die unweigerlich zur Katastrophe führte. Vielleicht müssen wir umkehren.

Vor einigen Jahren musste ich mich um elf Kanarienvögel bekümmern, fünf Pärchen und einen Einzelgänger, die einer Züchterin gehörten, und drei dieser Tiere waren ganz aussergewöhnlich. Ein gelbes Männchen und ein Weibchen, die sich immer paarten und alle Rivalen ablehnten, erhielten wegen ihrer Treue von mir die Namen Abaelard und Héloïse. Das kleine Weibchen hatte nie ein eigenes Junges gehabt, obzwar es einmal ein Ei gelegt hatte, aber so aufgeregt deswegen war, dass es mit dem Fuss hindurchtrat. Sie baute ein Nest nach dem anderen und setzte sich nacheinander in jedes von ihnen, und sie hegte und wärmte ihre nur in der Einbildung vorhandenen Nestlinge, bis sie sich die Brust kahl gerupft hatte. Eines Tages kam mir ein Einfall, ich nahm ein Ei vom Gelege eines Weibchens in einem anderen Nest, legte es in ihres und zog mich hinter den Vorhang zurück, um das Ergebnis abzuwarten. Es war reizend, ihr zuzuschauen, wie sie den Schatz entdeckte, mit ihm sprach, ihn stolz ihrem Gatten zeigte, dann vorsichtig darüberstieg, die gefiederten Röckchen hob (wie es Vögel zu tun pflegen), um auf die Füsse besser achtzugeben, und sich schliesslich niedersetzte, um das Ei mit zitternden Schwingen zu bedecken.

Zehn Tage später sah ich, wie die Pflegeeltern dem Nestling aus den Eischalen halfen, und es wurde das beste Vögelchen des Jahres. Nachdem die ganze Gruppe wieder in die Hände der Züchterin zurückgekehrt war, sehnte sich der Einzelgänger der ersten elf – ein kleines grünes Weibchen, das eine überzeugte Jungfer war – dauernd nach mir und wurde mir wieder gebracht. Sie war ein begabtes kleines Geschöpf und lernte, ganz deutlich »Boy« zu sagen, wiederholte es ständig wie ein Papagei oder hängte es ans Ende eines Gezwitschers, und somit war auch sie eine Art Pionier. Sie war eine reizende Gefährtin, aber abgesehen von dieser einen Leistung war sie weniger interessant als der Held unseres Buches. Nachts schlief sie in einem Zipfel meines Kopfkissens, das sie als ihr Nest betrachtete, und verteidigte es gegen alle Neuankömmlinge, doch dachte sie nicht daran, es sauberzuhalten, so dass es mit waschbarem Material gefüttert werden musste. Da sie starb, ehe mein Spatz geboren wurde, lernten sie sich nie kennen.

Über sein Liebesleben habe ich nichts weiter zu berichten. Abgesehen von der Paarungszeit war er weniger zärtlich zu mir als in den Tagen seiner weltabgeschiedenen Jugend. Wenn ich ihn, wie es manchmal nötig wurde, für ein paar Tage in der Obhut einer guten Nachbarin liess, die auch eine Vogelfreundin war, dann war sein Willkommen bei meiner Rückkehr weniger stürmisch als einst. Er flog mir nicht mehr wie ein Pfeil aus einem Bogen entgegen; und wenn ich länger als eine Woche abwesend gewesen war, dann stand er erst einige Zeit verwirrt da und starrte mich an, ehe er mich erkannte. Doch machte er das am nächsten Tag wieder gut, indem er mir von Zimmer zu Zimmer folgte, als wolle er sich vergewissern, dass ich nicht wieder verschwunden sei.

Ich vermute, dass ich in seinem etwas durcheinandergeratenen Bewusstsein eine Doppelgestalt angenommen hatte, und meine Beziehung zu ihm war in seinem Vogelköpfchen nicht mehr so klar und eindeutig. Was seine Freunde im Garten betraf, so war er zweifellos fasziniert und wohl auch geschmeichelt von ihrer Aufmerksamkeit, und er genoss ihr Interesse an ihm, solange sie Respekt wahrten. Falls er jemals die merkwürdige Unruhe empfunden haben sollte, die der Geburt der Liebe vorausgeht, wenn sie vor seinem Fenster auf und ab flatterten, so war das bald vergessen. Wieder einmal hatten die beiden grossen Einflüsse Vererbung und Umgebung sich in der Entwicklung seines Charakters und seiner Persönlichkeit geltend gemacht. Diesmal war es ein richtiger Kampf gewesen, und die Umgebung trug, wenn auch nur um Haaresbreite, den Sieg davon.

Gegen Ende eines aufregenden Tages konnte er immer noch, wie in den allerersten Jahren, zu mir fliegen, sich ankuscheln und mit einem Ausdruck zu mir aufsehen, den ich in den Augen eines kleinen Vogels nie für möglich gehalten hätte, so als wollte er sagen: »Du bist alles, was ich brauche, und schliesslich kann ein Junge keine bessere Freundin als seine Mutter haben.«

5

Abstieg und Verfall

Vom Ende seines sechsten Lebensjahres bis zu seiner ernsten Krankheit und der darauffolgenden teilweisen Genesung im zwölften Jahr, die den Hauptinhalt dieses Kapitels bilden, ist wenig Interessantes über meinen Spatz zu berichten. Trotzdem gebe ich kurze Einzelheiten wieder, da sich Vogelzüchter und Ornithologen dafür interessieren könnten.

Nach der verspäteten Reife bildete sich sein Charakter, und weil sein Dasein verhältnismässig ereignislos war, blieben sich Verhalten und Gewohnheiten ziemlich gleich. Er war vielleicht weniger interessant, abgesehen natürlich von der Paarungszeit; und ich war nicht mehr das einzige Lebewesen, das ihn interessierte.

Selbst in der schönsten Frühlingszeit, wenn er vor Leben und Energie sprühte, war er mir gegenüber zwar leidenschaftlich, aber doch auf der Hut und verschlossener. Das Klavier regte ihn nicht mehr an, höchstens ganz selten einmal, und unsere Übungen am frühen Morgen wurden eingestellt, was vielleicht die Misstöne in seinem Gesang zur Folge hatte.

Vor Kriegsende mussten wir noch mehrfach umziehen, und wenn er mich begleitete, ob im Wagen oder in der Bahn, sass er immer ruhig auf seiner Schaukel und schlief, bis wir am Ziel anlangten. Es konnte keinen besseren Reisegefährten geben.

Gegen Ende des Jahres 1943 musste ich London verlassen und in ein bekanntes Seebad ziehen, um meine Stiefmutter zu pflegen. Ich versah auch dort meinen Zivilschutzdienst, soweit es mir möglich war, aber er war längst nicht so anstrengend und anspruchsvoll wie in London, und die Schrecken der Bomben und Raketen blieben uns erspart.

Es war nicht mehr nötig, dass mein Spatz Dienst tat, um die Öffentlichkeit zu unterhalten – man hätte ihn wohl auch kaum dazu überreden können –, doch war er auf allen Posten, denen ich zugeteilt wurde, wohlbekannt, und einige sehr interessierte Mitglieder der Naturwissenschaftlichen Gesellschaft, für die diese Stadt berühmt ist, besuchten ihn, beobachteten ihn bei seinen Possen und hörten voller Erstaunen seinen Gesangsdarbietungen zu.

Von einem dieser ausgezeichneten Wissenschaftler hörte ich zum erstenmal die Geschichte von den Nachtigallen. Er erzählte mir, dass diese Vögel ein Paar auf Lebenszeit bildeten und nur der Tod sie trennen könne. Am Ende der Paarungszeit gingen sie jeweils auseinander und flogen jeder einzeln nach fernen Ländern. Im darauffolgenden Frühling, etwa Mitte April, kehrten sie, getreu ihrer unsterblichen gegenseitigen Liebe, an den geheiligten

Ort zurück, an dem sie das erste Mal den Bund geschlossen hatten. Das Männchen kam zuerst wieder und übte als Vorbereitung für die Rückkehr seiner Geliebten sieben Tage lang an seinem Liebeslied. Im Morgengrauen des achten Tages (des Tages der Auferstehung, fügte der alte Mann bedeutungsvoll hinzu) erschien das Weibchen, und er sang für sie, wie Menschen und Vögel gesungen haben, seit die Sonne zum erstenmal auf die goldenen Locken unserer Mutter Eva schien.

Kann es in der Geschichte oder in der Literatur eine erlesenere Romanze als die Liebesgeschichte dieser Vögel geben?

Wie alle wahrhaft grossen Leute war auch mein Spatz in jeder Gesellschaft zu Hause, und er wurde in diesem kleinen Kreis angesehener Männer und Frauen ebenso berühmt, wie er es unter den tapferen Cockneys seiner Heimatstadt gewesen war. Gesellschaftlich war er wohl aufgestiegen; aber wie oberflächlich erschienen solche Unterscheidungen vor dem Hintergrund, dass du in jeder Stadt, jedem Dorf und jedem Weiler »neben Königen gehen kannst – doch den *common touch* nicht verlierst«[7].

Die Luftangriffe dort erfolgten trotz ihrer Heftigkeit meistens sehr plötzlich und völlig unerwartet. An einem prächtigen Sommernachmittag, als ich gerade auf dem Heimweg von einer Teegesellschaft war, zu der auch mein Vogel hatte kommen dürfen, sahen mich Tiefflieger, die aus einer Wolke hervorbrachen, und beschossen mich mit Maschinengewehren. Es war kaum Zeit, sich darüber klarzuwerden, was eigentlich geschah, aber jemand rief: »Hinlegen! Hinlegen!« Blitzschnell stellte ich den Käfig hinter mir auf den Boden, neben einer Mauer Deckung suchend, und kauerte mich über ihn, und es schien kaum der Bruchteil einer Sekunde, da waren die Flieger schon ausser Sicht und die Gefahr vorüber. Der Spatz bewahrte seinen gewohnten Gleichmut, und wir erreichten sicher unser Heim. Das war unser letztes gemeinsames Abenteuer und beinahe das letzte Abenteuer überhaupt, denn bald danach kamen der D-Day, die Rheinüberquerung, die Kapitulation, der Fall Berlins und Hitlers Tod.

Und somit war endlich der Frieden da. Meine Stiefmutter war inzwischen gestorben, und meine Gedanken wanderten sehnsuchtsvoll zu meinem eigenen Heim zurück. Wie eine Lawine stürzte alles auf die Hauptstadt los, und es dauerte einige Zeit, bis ich jemand gefunden hatte, der mir umziehen half; doch endlich kamen wir in London an, und da mein Bungalow mittlerweile ausgebessert worden war, konnten wir dorthin zurückkehren und ihn wieder bewohnen.

Mein kleiner Freund und Kamerad war, entgegen meinen Erwartungen, ganz ungerührt bei dieser glücklichen Heimkehr aus der Verbannung. Wenn er den Schauplatz seiner frühesten Jugendtage überhaupt wiedererkannte, so liess er es sich keinesfalls anmerken. Wie immer in einer neuen Umgebung wurden die Möbel untersucht, um sicherzugehen, dass es sich um dieselben handelte, die er schon immer gekannt hatte – aber sobald er in diesem Punkt vollkommen zufriedengestellt war, gab es keine weiteren Kommentare.

Bis zum Beginn seines zwölften Lebensjahres war er nie einen Tag oder auch nur einen Moment krank gewesen. Er war ein zäher kleiner Bursche und nahm täglich sein kaltes Bad, sogar im bitterkalten Winter 1947, wenn er nach tüchtiger Panscherei heraussprang und mir in den Ausschnitt kroch, um sich zu wärmen. Seine Gesundheit war blendend, seine Laune übersprudelnd und seine Kraft so erstaunlich, dass ich glaube, er hätte von seinen wildlebenden Verwandten zwei auf einmal im Kampf besiegen können.

Doch bald nach seinem elften Geburtstag begann der Kummer mit seinen Füssen, so dass er nachts von seiner Stange fiel, und hin und wieder erschreckte er mich mit hysterischen Anfällen. Eines Morgens dann torkelte er aus dem Bad und fiel auf dem Boden des Käfigs auf die Seite. Ich lief hin, um ihn aufzuheben, und war über alle Massen beunruhigt, weil er bewusstlos und mit offenem Schnabel dalag, wenn er auch noch atmete. Ich wärmte ihn im Ausschnitt, wiegte ihn sanft und redete ihm aufmunternd zu, bis er sich nach etwa einer halben Stunde wieder regte, ein wenig warme Milch zu sich nahm und später in den Käfig zurückkehren konnte.

Es war ein Schlaganfall, der eine teilweise Lähmung zur Folge hatte; und obwohl er noch herumhüpfen und selbst fressen konnte, stand er schief, war unsicher im Gleichgewicht und schien seine Flügel nicht mehr benutzen zu können. Da ich letzthin von einem Haussperling in einem Vogelhaus gehört hatte, dem im Alter von zehn Jahren etwas Ähnliches zugestossen und der bald danach gestorben war, hatte ich die grösste Angst. Er bewohnte damals einen schönen, fast neunzig Zentimeter hohen Käfig und bestand rührenderweise, aber mit grossartigem Mut darauf, unter mancherlei Gepurzel seine Schaukel in der Kuppel zu erklimmen. Das schien ihm wie immer eine Zufluchtsstätte zu sein, die an Sicherheit gleich nach dem Versteck kam, das er an meiner Brust fand. Vielleicht lässt es sich durch die Tatsache erklären, dass wildlebende Vögel bei Gefahr immer möglichst hoch auf Äste oder Dächer fliegen, die ihnen nicht nur mehr Sicherheit bieten, sondern auch als Beobachtungsposten dienen, von dem aus sie die Ursache der Störung entdecken können; wenn sie einen solchen Ort nicht mehr erreichen, dann wissen sie, dass ihr Ende naht.

Ich liess ihn tagsüber soviel wie möglich in meinem Pullover liegen, wo er ruhig und zufrieden war; doch nachts wagte ich es nicht, ihn mit ins Bett zu nehmen, weil ich fürchtete, ihn zu erdrücken, und er verweigerte hartnäckig jeden anderen Ruheplatz ausser seiner geliebten Schaukel. Stunde um Stunde unternahm er den schrecklichen Aufstieg von der untersten Stange, auf die ich ihn gesetzt hatte, und keuchte und kämpfte sich höher, nur um wieder herunterzufallen, wenn er endlich oben war, und diese nächtlichen Qualen begannen allmählich sein Herz in Mitleidenschaft zu ziehen. Es musste etwas getan werden, und zwar bald; ich kaufte also einen kleinen langen, niedrigen Käfig, entfernte alle Anflugstangen bis auf die zwei untersten Sitze und präsentierte ihm sein Altersheim. Wie mit einem Seufzer der Erleichterung bezog er es und richtete sich sofort in einer Wohnung im Erdgeschoss ein. Schliesslich ist es, wie er bald herausfand, recht vorteilhaft, in der Nähe der Speisekammer zu schlafen, und zumindest die ganze folgende Woche muss im Schutze der Dunkelheit etwas stattgefunden haben, was verdächtig an Mitternachtsschlemmereien erinnerte.

Doch trotz aller Verbesserungen in seiner Umgebung wurde er immer schwächer. Er schien zu leiden und sehr bekümmert zu sein; und als ich entdeckte, dass er Verstopfung hatte, mischte ich etwas Olivenöl unter seine Nahrung und suchte einen vogelkundigen Tierarzt auf. Ich wusste wohl, dass er sterben sollte, und wie einst die Schunemiterin musste ich hinausgehen und nach dem Mann suchen, der das Kind retten konnte![8] Nach einigen Stunden vergeblichen Herumirrens hörte ich von einem Tierarzt, Mr. T. Jenkinson Richardson in Beckenham, Kent, der sich speziell mit Vögeln beschäftigte. Ich setzte mich mit ihm in Verbindung, und er kam sofort. Seiner Ansicht nach war das Grundübel das hohe Alter, doch vermutete er überdies eine Geschwulst.

Als erstes musste die Oberseite der Anflugstangen abgeplattet werden, so dass sie wie Finger aussahen, damit die kleinen Füsse darauf ausruhen konnten, anstatt sich herumzukrallen. Das war eine deutliche Erleichterung, und ich gebe den Tip allen weiter, die ältere Vögel hegen. Der Arzt empfahl auch mehr Wärme und vollständigen Schutz vor Zugluft, daher wurde der Käfig vom Fenster entfernt. Auf das Herzmedikament sprach er sofort an; doch das Abführmittel verschaffte ihm keine Erleichterung, und dem kleinen Patienten ging es zusehends schlechter. Er verlor auch an Sehkraft, weil die Augen stumpf und ganz flach wurden, während sich die Federn infolge der Aufnahme von Giftstoffen abzulösen begannen, und zwar nicht einzeln, sondern als wäre es eine Jacke, bis es so aussah, als solle er völlig nackt werden.

Nun probiere es Mr. Richardson, für dessen Fachkenntnis ich gar nicht dankbar genug sein kann, mit Phthalylsulfathiazol – allgemein als

»M & B gegen Enteritis« bekannt –, und das Ergebnis der Behandlung mit diesem Präparat kam dem reinsten Wunder gleich. In weniger als einer Woche hatte er eine dicke, faserige Masse ausgeschieden, das Augenlicht wurde besser, und die Federn fielen nicht mehr aus. Eine schwache Hoffnung regte sich in unseren Herzen, dass wir ihn würden retten können; doch obwohl die Ursache der inneren Vergiftung beseitigt worden war, hatte er nicht genügend Kraft übrigbehalten, um den langen, steilen Rückweg zur Genesung zu schaffen. Beinahe hilflos und ganz erbarmungswürdig, wenn auch tapfer, lag er in meiner Hand, ein winziges Häufchen Knochen und zerzauster Federn, das doch beim Klang meiner Stimme noch das Köpfchen drehte. Aber es sah aus, als seien wir geschlagen. »Als letzten Versuch«, sagte Mr. Richardson, »würde ich ihm etwas Champagner geben«, worauf ich aus dem nächsten Geschäft (zum grössten Vergnügen des Weinhändlers) eine halbe Flasche holte und ihm einen Teelöffel davon gab. Ich sage »gab«, aber ich muss erwähnen, dass der kleine Bursche auch die scheusslichste Medizin ohne viel Aufhebens aus einem Teelöffel nahm. Offenbar hatte er den Willen, am Leben zu bleiben, und den Scharfsinn, zu erkennen, dass wir ihm helfen wollten.

Am anderen Morgen – und alle Bacchanten sollten dies zur Kenntnis nehmen – war eine bedeutende Besserung in seinem Zustand eingetreten. Er war über den Berg. Auch an Kraft hatte er gewonnen; und er behielt sie, es ging ihm zunehmend besser, und nie blickte er zurück. Vierzehn Tage lang bekam er zweimal täglich seinen Champagner; die Sehkraft wurde vollständig wiederhergestellt; die Federn wuchsen an den kahlen Stellen, und auch die Hosen und die schöne Halsbinde erschienen wieder. Am Weihnachtstag sass er auf meinem Arm, teilte sich mit mir in das Dankopfer, den Truthahn, und trank mit dem Rest Champagner mit mir auf ein glücklicheres neues Jahr.

Trotz der Wunderheilung war er noch längst nicht gesund, und wenn er auch von seinem Leiden befreit war, seine Jugendkräfte hatte er nicht wiedererlangt. Die Flügel wollten nicht mehr gleichzeitig arbeiten, und er konnte sie nur noch dazu benutzen, seine Füsse zu unterstützen, beim Fallen den Stoss abzuschwächen und flatternd um Futter zu bitten. Mit dem Gleichgewicht stand es auch noch schlecht, und er fiel immer wieder auf den Rücken, rief mich dann aber ganz fröhlich herbei, ich solle ihn wieder auf die Füsse stellen. Wie sein Arzt sagte, brauchte er eine Beschäftigungstherapie. Das war etwas schwierig, doch fand er auf seine Art eine Lösung des Problems, indem er wie ein Frosch zu hüpfen lernte, und darin wurde er ein solcher Künstler, dass er binnen kurzem sofort aus der Rückkenlage in die Luft springen konnte, wobei er einen vollständigen Purzelbaum schlug und dann von

selbst richtig auf seine Füsse zu stehen kam – für einen kleinen Vogel ist das selbst in der Jugendblüte eine Glanzleistung! Ich brachte eine Stange in seinem Käfig an, und er verwandelte sein Heim in eine Turnhalle und sprang dauernd über die Stange, bis die Übung seine Nacken- und Flügelmuskeln noch weiter gekräftigt hatte. Er war ein erfinderischer kleiner Kopf und überliess sich weder der Verzweiflung, noch war er niedergeschlagen.

Natürlich hatte bei dieser auffallenden Genesung ausser den Medikamenten auch die Diät eine Rolle gespielt. Anstelle von Ei und Salat, die ihm nicht erlaubt wurden, weil sie zu adstringierend wirkten, erhielt er Bemax mit Glucodin und eine winzige tägliche Dosis von etwa zwei Tropfen Lebertran. Mein Glaube an vitaminhaltige Nahrung und moderne Medikamente – ganz abgesehen von dem köstlichen Rebensaft – wurde durch die schnellen positiven Ergebnisse bei einem so winzigen Patienten sehr gestärkt, doch alles, woran *er* sich erinnerte, war, dass sie abscheulich schmeckten! Es dauerte viele Wochen, ehe er es wagte, wieder Milch anzurühren, aus Angst vor dem, was sie noch alles enthalten mochte. Beim Anblick eines Teelöffels pflegte er das Köpfchen zu senken und abzuwenden – genau wie ein unfolgsames Kind. Nie habe ich bei einem Vogel eine so ausdrucksvolle und »beinahe menschliche« Geste gesehen.

6

Die letzte Phase

Nach der Krankheit wurde mein Spatz ein viel treuerer Freund, als er es viele Jahre gewesen war, denn ungeachtet seines Alters und seines körperlichen Zustandes war er wieder auf der Stufe seiner Kinderzeit angelangt. Vergessen waren die alten Gefährten, das wilde Geflatter an der Fensterscheibe und der forschende Ausblick in die weite, geheimnisvolle Natur. Wenn ich ihn ans Oberlicht hob, damit er einen Blick ins verzauberte Land werfen solle, konnte ich keinerlei Anzeichen von Wiedererkennen bei ihm feststellen, er wandte sich ab, wie mit einem Seufzer. Das Schauspiel der im Garten raufenden Sperlinge regte ihn nicht länger bis zum Wahnsinn auf, und es meldete sich kein männlicher Ehrgeiz, sich zu ihnen zu gesellen und sich im Kampf die Sporen zu verdienen. Nie wieder, schien es, plusterte er stolz sein Gefieder im Sonnenschein, nie wieder wollte er hingerissen und erstaunt dem Sang des Frühlings lauschen oder mild verlegen dreinschauen, wenn liebeskranke Mägdelein ihn mit Blicken und Liebestönen zu umgarnen versuchten. Amor, der oft so schlecht behandelt und nun endgültig besiegt worden war, hatte die Pfeile in den Köcher gesteckt und ihn endgültig verlassen.

Doch an all diese Dinge erinnerte er sich nicht mehr, er war zufrieden und bedauerte nichts. Auch er hatte ein Lied in seinem Herzen, keinen Refrain von ergreifender oder tröstender Anmut, wie er in seltenen Augenblicken in der Stille meines Herzens widerhallte, sondern ein Lied, von dem ich geneigt bin zu glauben, dass es ihm den gleichen unerschöpflichen Trost und die gleiche Freude brachte. Den ganzen Tag lauschte er auf den Klang meiner Stimme, und solange er sie hören konnte, fürchtete er sich nicht. Was seine unmittelbare Umgebung anbetraf, so schien er sie überhaupt nicht zu bemerken, und eine Umgruppierung der Möbel oder das Unterbringen von ungewohnten Sachen in seinem Heim verursachte nicht länger eine Flut von Schimpfworten, nicht einmal den leisesten Protest. Das stolze Gebaren, das wählerische Verhalten und der tyrannische Eigensinn waren verschwunden; an ihre Stelle war die kindliche, flehende Gebärde getreten, wenn er zusammengeduckt dasaß, die kleinen Flügel ein wenig hob und dauernd bettelte, aufgenommen und geherzt zu werden. Genau wie der ergebene Nesthocker längst vergangener Tage rief er mich jetzt und folgte mir von einem Zimmer ins andere. Ich war nun wieder seine ganze Welt; doch er war glücklich, und allein darauf kam es an.

Allmählich nahte das Alter, das einen jeden von uns ebenso auszeichnet wie entkräftet. Er konnte nun weder auf der Stange aufsitzen noch fliegen, und obwohl er sich vorbildliche Mühe gab, sein Gefieder zu putzen und sich sauberzuhalten, gelang es ihm nicht besonders, und er musste dauernd beobachtet und gepflegt werden. Der Tierarzt konnte sich gar nicht genug über ihn wundern, denn er hatte noch nie gesehen, dass ein kleiner Vogel einen so heldenhaften Kampf wider das Alter und dessen Gebresten führt. »Ein Kanarienvogel oder ein Wellensittich«, pflegte er zu sagen, »hätte schon längst aufgegeben und wäre einfach gestorben.« Aber dieser Wurm mit seinem unbeugsamen Willen gab nicht auf.

Er passte sich vielmehr, ohne zu murren und vermutlich ohne sich an etwas anderes zu erinnern, den zunehmenden Beschränkungen an und kostete das ihm verfügbare Mass an Aktivität und die Freuden des Lebens gründlich aus. Welch eine Lektion für uns, die wir alt werden; wie töricht sind wir, wenn wir uns beständig anstrengen, die gewohnten Aufgaben zu erfüllen, die die Jungen doch mit so wenig Mühe erledigen können, während diese vergeblich auf Rat und Verständnis von uns warten, wie sie nur das Alter geben kann. Ich habe manche Lektion von meinem kleinen Vogel gelernt und hoffe, dass sie mich vernünftiger, zufriedener und hilfsbereiter macht, wenn mir ein langer Lebensabend beschert werden sollte.

Anders als bei der »armen Susan«, deren Verstand immer schwächer wurde, je besser es ihr körperlich ging, schienen die geistigen Kräfte des Spatzen zuzunehmen, je mehr die körperlichen abnahmen, und eine Zeitlang wenigstens war er, wie mir schien, intelligenter und anpassungsfähiger als je zuvor in seinem Leben. Trotz alledem war ich durch ihn sehr gebunden, und wenn ich zu weit weg war, um ihn zu wärmen und aufzuheitern, muss er die Kälte und Unbequemlichkeit des harten, sandigen Bodens in seinem Käfig gespürt haben, obwohl er sich nie beklagte. Doch lässt sich für jede Schwierigkeit eine Abhilfe finden. Mir fiel ein, wie ein Pfadfinder zu einem anderen gesagt hatte: »Der Dummkopf wusste nicht, dass es nicht möglich war, also tat er es einfach.« Das Wort »Pfadfinder« brachte mich auf eine Idee.

Ich entfernte die beiden Anflugstangen aus seinem Käfig, da sie nicht länger vonnöten waren, schnitt eine alte graue Militärdecke in Streifen von der Grösse seines Käfigbodens, doch an der einen Seite mit einer Lasche zum Umklappen, so dass man ein kleines Zelt daraus machen konnte, und steckte einen solchen Streifen in seinen Käfig. Da Sand für seine Gesundheit unerlässlich ist, stellte ich ihn in einem Futternapf neben die anderen. Dadurch hatte er auf der einen Seite die Küche und am anderen Ende sein Zeltbett. Nun setzte ich den Spatz wieder in sein Haus und war gespannt, wie er reagieren würde. Er schien die Sache sofort zu verstehen und bediente sich mit Sand, als habe er ihn sein Leben lang nur aus einem Futternapf geholt. Was das kleine Zelt anbetrifft, so zeigte er so viel Freude und Stolz darüber wie ein Pfadfinder in seinem ersten Zeltlager. Er lugte hinein und schüttelte sich entzückt, und dann lief er ringsherum, um sich zu überzeugen, dass auch ein Hintereingang vorhanden war (ein Instinkt, der viele wildlebende Vögel lehrt, einem Nistplatz nur dann zu trauen, wenn ein zweiter Zugang oder Fluchtweg vorhanden ist). Als er als sein eigener Gutachter alles gebilligt hatte, ging er hinein und nahm sein Heim in Besitz. Nachdem er ein paar glückliche Laute ausgestossen hatte, die sich völlig unterschieden von allen Lauten, die ich ihn je hatte äussern hören, schlief er auf seinem weichen, warmen und behaglichen Lager ein und schlummerte über eine Stunde.

Von nun an waren der gepolsterte Fussboden seines Käfigs und meine Gesellschaft – denn er liebte es immer noch sehr, umsorgt zu werden – alles, was er brauchte und wünschte, und es war nun wieder möglich, ihn stundenlang allein und doch sicher und behaglich zu Hause zu lassen. Die Wärme genoss er über alles, und da der weiche Boden ihm Vertrauen einflösste, teilte er sich den Tag jetzt mehr oder weniger gleichmässig in Stunden der Ernährung, der Ruhe und der körperlichen Übungen ein. Und letztere waren einfach erstaunlich!

Da er auf einem so weichen Teppich nicht länger zu befürchten brauchte, er könne fallen oder sich den verkrüppelten Fuss weh tun, verwandelte er die Mitte des Käfigs in ein olympisches Miniaturstadion: Er sprang mit einem Salatblatt oder einem Apfelstückchen in die Luft oder von einem Ende bis zum anderen – auf und ab, vor und zurück –, und das mit erstaunlicher Energie und Begeisterung. Danach erfand er ein Spiel, das man am besten als Schnabelball beschreiben kann: Er schleuderte eine Erbse oder irgendeinen anderen kleinen Gegenstand in die Luft, jagte ihm nach und fing ihn wieder auf – wie ein Hündchen den Ball. Nach einer halben Stunde solcher anstrengenden Übungen verzog er sich meistens in seine Küche, genoss sein Mahl mit dem gesteigerten Appetit eines Sportlers und kehrte in sein Zelt zurück, um eine Stunde zu ruhen. Seinem untrüglichen Instinkt folgend, hielt er das Zelt, wie es jeder gute Pfadfinder tun sollte, immer bereit zur Inspektion, und solange er die Kraft hatte, hinein- und hinauszugehen, besudelte er es nie.

Leider entdeckte er sehr bald, dass er den Teppich aufrollen konnte, und zwar vom Zelt aus beginnend, und dass es ein grosser Spass war, dann über die Rolle zu springen; doch das war kein weiser Einfall gewesen, denn die Anstrengung trug ihm einen Herzanfall ein, und ich musste den Teppich mit Klebestreifen befestigen und dem Spielchen ein Ende machen. Er schien nun rundum glücklich, und da die Bodenbeläge mit wenig Aufwand herausgenommen und gewaschen werden konnten, war es möglich, ihn einigermassen sauberzuhalten.

Zwar konnte er nicht länger auf Anflugstangen sitzen, doch begann er nun, zum erstenmal in seinem Leben den verkrüppelten Fuss wie eine Hand zu benutzen und damit die Futternäpfe festzuhalten, während er frass. Das schien mir – und Zoologen mögen mir zustimmen – ein bemerkenswerter Fortschritt und ein Anzeichen von grosser Intelligenz bei einem so alten Vogel zu sein. Er packte den Rand des Napfes ganz fest, und dieser neue Gebrauch seines schwächlichen Fusses verhinderte zweifellos die Muskelatrophie, die sich, wie der Tierarzt meinte, eigentlich hätte einstellen müssen, da er nicht mehr die Anflugstange umklammern konnte. Später benutzte er auch den rechten Fuss auf die gleiche Art, indes er auf dem linken stand, und schliesslich gebrauchte er sie meistens abwechselnd, so dass er das Gleichgewicht hielt. Noch bemerkenswerter ist es, dass er, wenn ihm das Hüpfen manchmal zu anstrengend vorkam, regelrecht einherschritt oder zumindest watschelte, indem er erst den einen Fuss und dann den anderen auf den Boden setzte. Es würde mich ausserordentlich interessieren, ob je ein Ornithologe oder Vogelbeobachter einen Sperling gehen sah.

Leider war es mir nicht möglich, dieses Phänomen im Bild festzuhalten, doch auf der Fotografie, auf der er Brot und Milch zum Abendessen zu sich nimmt [siehe S. 119], kann man eine Kralle seines linken Fusses sehen, die den Napf umklammert, während er sich mit dem rechten Fuss an meinem stützenden Finger hält. Er lernte seine Füsse so gescheit zu gebrauchen, dass ich fast glaube, ich hätte ihm beibringen können, mit mir Shakehands zu machen, wenn er nur sein Gleichgewicht besser hätte wahren können.

Das war aber nicht die letzte Überraschung, die er mir vorsetzte. Plötzlich gab er seine Olympischen Spiele auf und begann Futter zu hamstern, und zwar sehr ähnlich einem Eichhörnchen, auch wenn er keine Anstalten machte, es zu verstecken. Er schleppte oder trug Erbsen, Kirschen und andere Leckerbissen in eine Ecke, wo er sie ohne Anstrengung von seinem Bett aus erreichen konnte. Ich war neugierig und wollte sehen, ob er sie wohl auch in einer Art Speisekammer aufheben würde, daher baute ich ihm einen kleinen Schuppen aus grauem Filz und legte die Vorräte hinein; aber das gefiel ihm ganz und gar nicht, und nachdem er einiges davon herausgezogen hatte, beachtete er das Ganze nicht mehr, und ich räumte es fort. Ein paar Wochen drauf gab er diese seltsame Gewohnheit gänzlich auf und schien sie vergessen zu haben.

Als weise erwies sich der kleine Mann – es fiel mir nämlich immer schwerer, ihn als einen gewöhnlichen Vogel zu betrachten – ebenfalls in der Wahl seiner Diät, denn er liess aus seinem reichen

Speisezettel alles fort, was er für ungeeignet oder unverdaulich hielt. Er trank weniger Wasser und lebte, abgesehen von Brot in Milch und Bemax, fast ausschliesslich von weichen Früchten und passiertem Gemüse. Dank seines gezügelten Appetits war es mir bald möglich, von der Verabreichung seiner täglichen Dosis Medizin abzusehen; ich hatte bereits befürchtet, er hätte sich so daran gewöhnt, dass sie dauernd notwendig sei. Die Weisheit, die die Natur ihren »unvernünftigen« Geschöpfen mitgibt, ist wirklich unfassbar gross! Wenn sie in der Lage wäre, die Strenge ihrer Winter zu mildern und den Starken zu verbieten, Jagd auf die Schwachen zu machen, könnten in einer Welt ohne Feinde die Vögel vielleicht ein hohes Alter erreichen, ihre Schwierigkeiten selbst lösen und in ihren eigenen kleinen Altersheimen leben, bis sie friedlich in den ewigen Schlaf sinken. Natürlich ist das reine Spekulation, aber interessant.

Nachts schlief er jetzt nicht wie ein Vogel, mit unter den Flügel gestecktem Kopf, sondern wie ein Kind: Tiefer, anscheinend traumloser Schlummer hüllte ihn ein und war ausruhend und erfrischend. Ich weiss das mit Sicherheit, denn ich blieb mehrere Nächte auf und beobachtete ihn. In meiner Hand sank er in Schlaf, einerlei in welcher Stellung er sich gerade befand, so wie ein Kind auf dem Fussboden oder im Arm seiner Amme einschläft. Schlaf, der gütige, sanfte Behüter der ganz Alten und der ganz Jungen, kam also jede Nacht zu meinem Spatz. Ich liess ihn dann sanft in sein Bettchen gleiten, und bis sieben Uhr morgens würde kein Geräusch zu hören sein, und die grauen Zeltwände würden sich nicht rühren.

Was ich am meisten vermisste, war sein Gesang, und das war wirklich ein Verlust! So viele Jahre hindurch war er mein Stolz und meine Freude gewesen, doch nach dem Schlaganfall sang er nie wieder. Ich glaube sogar, dass er das Gedächtnis für alles verloren hatte, was sich zwischen seiner Kindheit und jenem Unglück ereignet hatte, doch habe ich zu dieser sehr interessanten Frage später noch etwas zu sagen. Er sprach noch immer sehr viel und führte oft von seinem Bett aus lange Gespräche mit mir. Ich habe keine Ahnung, was er mir eigentlich mitteilen wollte, und wenn er auch kein Philosoph war, so benahm er sich doch so, als ob sein Köpfchen die Weisheit aller Zeiten umschlösse.

Wir befanden uns nun wirklich in der letzten Phase eines an Taten und Erfahrungen reichen Lebens, und es war interessant gewesen und hatte sogar Triumphe gekannt. Jetzt war er sozusagen in seinem Nachsommer ungetrübter Stille, die Kämpfe waren überstanden, die Probleme gelöst, die Rätselhaftigkeit des Daseins vergessen.

Während ich über dem Schlusskapitel dieser kurzen Biographie sass, kam es mir plötzlich in den Sinn, dass vieles von dem hier Aufgezeichneten ohne den konkreten Beweis guten Bildmaterials unglaubwürdig erscheinen könnte. Fast zwölf Jahre hatte ich meinen Spatz nun aus nächster Nähe beobachtet und dummerweise keine einzige Fotografie gemacht. Meiner Ansicht nach hatte sein Leben als Experiment begonnen und als Offenbarung geendet; doch war eine Kamera nötig, um meine Leser zu überzeugen, dass das Gesagte der Wahrheit entsprach. Wenn ich ihn doch dazu bringen könnte, zur Illustrierung seines eigenen Lebens beizutragen!

Obwohl ich kaum Hoffnung hatte, traf ich eine Verabredung mit Kenneth Gamm von Gordon Chase Ltd. in Bromley, Kent; er sollte herkommen, und vielleicht sass Clarence ihm. Hier in seinem eigenen Heim würde er sich bestimmt wohler fühlen als in einem fremden Studio, doch ich machte mir wenig Hoffnung, denn seit seiner Krankheit war er so ängstlich geworden, dass er beim Näherkommen eines Fremden in meinen Pullover kroch, und zwar nicht wie ein Vogel, sondern eher wie eine Maus. Immerhin war das Experiment der Mühe wert, und wieder einmal sollte er uns überraschen. Er zeigte sich nicht nur gänzlich ohne Furcht, sondern eifrig und willig, zu tun, was man von ihm verlangte. Die beiden grossen jungen Männer, die seltsame Kamera mit der geheimnisvollen schwarzen Kapuze und ihren drei gespreizten, verstohlen näher kriechenden Beinen und die grellen Bogenlampen über seinem Kopf bargen keine Schrecken für ihn. Ich brauchte ihn nicht zu bestechen, und es war auch nicht nötig, ihm zu schmeicheln oder ihn zu täuschen, er zauderte nie. Unermüdlich führte er all seine Kunststückchen vor, und dies in der korrekten Reihenfolge, wie er sie im Kindergarten erlernt und seit über sechs Jahren weder geübt noch ein einziges Mal vorgeführt hatte. Er krönte die prachtvolle Vorstellung, indem er – das alte, gebrechliche Vögelchen – sich auf den Rücken legte, »für Königin und Vaterland zu sterben«! Es war wie ein Wunder! Die ganze Sitzung dauerte kaum eine halbe Stunde, nur zwei Platten waren vergeudet, und die Fotografien sind, zusammen mit einigen später hinzugekommenen, in diesem Buch abgedruckt. Leider vermögen sie nicht die leiseste Andeutung von seiner einstigen Schönheit zu vermitteln, denn er war nicht länger der Beau Nash[9] unter den Spatzen, sondern zerzaust, zerlumpt und schmuddlig, und sogar seine Augen hatten ihre schönen perligen Ränder verloren. Doch zeigen die Bilder immerhin, dass sein Talent nicht gelitten hatte, dass er noch immer verschiedener Ausdrücke fähig war und, vor allem, dass er sich erinnern konnte.

Es gab einen bemerkenswerten Zufall, den ich im Zusammenhang mit der Fotografie »Tägliche Lesestunde« [siehe S. 8] erwähnen möchte, wo er stumm und wie in Gedanken auf eine Seite des kleinen Erbauungsklassikers *Daily Light* blickt. Das Buch war nur wegen seiner Grösse gewählt und einfach aus einem Stoss anderer Bücher herausgezogen worden, und die Seite wurde ganz willkürlich aufgeschlagen. Nachdem die Fotografie entwickelt worden war, entdeckte ich, dass die Worte, auf die sein kleiner Schnabel wies, lauteten: »Kauft man nicht zwei Sperlinge für einen Groschen?[10] Dennoch fällt keiner von ihnen auf die Erde ohne euren Vater«[11] – ein Ausspruch, der in der Heiligen Schrift wohl aufs wunderbarste darlegt, welchen Wert der Schöpfer jeder individuellen Persönlichkeit all seiner Geschöpfe beimisst. In dieser Fotografie haben wir also das Bildnis eines unwissenden und unbedeutenden Sperlings, der doch, ohne es zu ahnen, ein grösserer Lehrer als Karl Marx geworden war. Dies schien seine kleine Predigt zu werden, seine Abschiedsbotschaft an die verwirrte, zweifelnde Menschheit; und als solche gebe ich sie weiter. Darum fürchtet euch nicht; ihr seid besser als viele Sperlinge.[12]

Es war mittlerweile Ende März 1952 und fast sieben Jahre seit jenem Tage her, da das langersehnte Ende des Konflikts in Europa erklärt worden war. Hitler war tot, und vielen unter uns war er nur noch eine verblasste Erinnerung; doch wir, mein kleiner Freund und ich, waren für einen kurzen Augenblick in die Nächte der Verdunkelung und der Luftangriffe zurückversetzt worden.

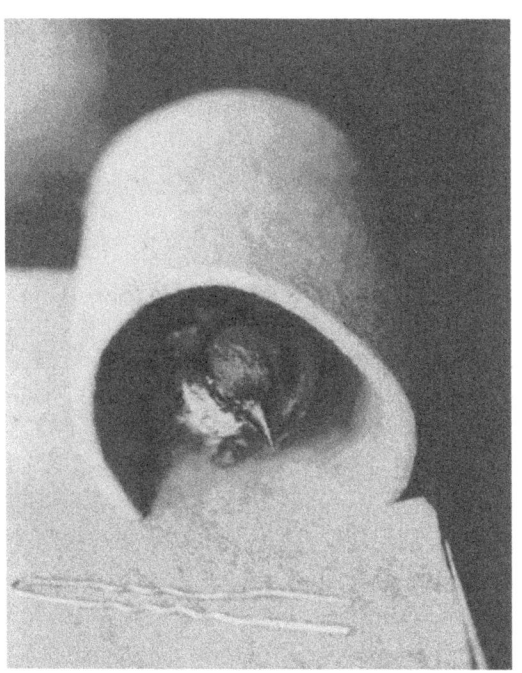

Die vertraute Umgebung in meiner kleinen Küche schwand, und ich war wieder auf dem alten Zivilschutzposten und beobachtete mit meinen Kameraden, wie uns auf einem Tisch neben Helmen, Gasmasken und der unvermeidlichen Teekanne ein junger Spatz unterhielt, während wir auf das »Klagen der Todesfee« warteten.

Wie kann ich nur dieses phänomenale Wiederaufleben eines so alten Vogels, dieses jähe, unerwartete Zurückfinden zu den Geschehnissen seiner Jugendzeit erklären? Ich habe so viel darüber nachgesonnen. Lebte dieses winzige Geschöpf, ein unbedeutender Spatz, wie sehr alte Leute »in der Vergangenheit«, und obwohl er sich der unmittelbaren Gegenwart bewusst war, erinnerte er sich der allerersten Jugendjahre, während alles Dazwischenliegende ausgelöscht war? Ich muss die Frage unbeantwortet lassen und mit meiner Geschichte zu einem Ende kommen, doch wenn meine Vermutung richtig ist, dann ist die Psyche eines kleinen Vogels von grösserem Interesse, als es die Ornithologen bisher angenommen haben.

Nachdem er dem Fotografen noch ein drittes Mal gesessen hatte, schien er der Anstrengung überdrüssig zu werden, und ich fand es nicht recht, seine Geduld noch länger zu beanspruchen. Als ob er wusste, dass seine Lebensaufgabe vollendet sei – und sie war es ja auch –, enthielt er sich jeder überflüssigen Tätigkeit und ruhte den grössten Teil des Tages, vor sich hin schlummernd, in der Tür-öffnung seines Zeltes. Sein Augenlicht liess wieder nach, die Federn fielen ihm erschreckend reichlich aus, und diesmal konnte er sie nicht mehr ersetzen, da auch der Schwanz und die Flügelspitzen spröde wurden und abfielen. Sein Arzt riet zu einer Hor-montablette, die das Wachstum eines neuen Fe-derkleides anregen sollte, doch fand er gleich mir, solange der Kleine glücklich und gut vor der Kälte geschützt war, sei es wohl gütiger, der Natur ihren Lauf zu lassen und nicht zu versuchen, sein Leben so weit zu verlängern, dass er es nicht mehr geniessen könne.

An der Haarnadel hatte er immer noch grosse Freude, und oft sass er mit ihr im Schnabel wie ein alter Mann mit seiner Pfeife da, oder er legte sie wie eine Trophäe vor den Eingang zu seinem Zelt. Wenn er stirbt, sollte sie eigentlich mit ihm begraben werden; und wenn ich ihm nach diesem trau-rigen Ereignis ein Banner stickte oder ein Wappen oder eine Gedenktafel gestaltete, dann sollte eine goldene Haarnadel darauf angebracht werden, als Symbol für ein kleines Leben, das oft erstaunlich menschlich war – und die beiden Spitzen sollten Mut und Zufriedenheit bedeuten.

Wie würde sein Ende sein? fragte ich mich oft. Würde er unerwartet und ohne wieder aufzuwa-chen wie ein müdes Kind einschlafen, während er sich an meinen Hals schmiegte, oder würde er friedlich in seinem Zelt sterben, ein winziger Krieger, der zwar von Geburt an verkrüppelt war und sich doch standhaft durch den langen Lebenstag gefochten hatte, bis er endlich der wohlverdienten Ruhe entgegensank? Nur die Zukunft konnte Auskunft geben, aber die Schatten wurden länger, und der lange Tag neigte sich sichtlich seinem Ende zu.

Epilog

Die Wintermonate sind vorüber, und wir trauern ihnen nicht nach. Der April steht auf der Schwelle, aber er kommt nicht laut lachend, sondern vorsichtig und auf leisen Sohlen. Der Mandelbaum (oder Baum des Erwachens, wie er einst hiess), der seine blütenvollen Hände ausgestreckt hatte, um die Erde zu wecken, ist verblüht und vergangen; denn ein bitterkalter Wind hat die Frühlingsfieber abgekühlt, und nun fällt der Schnee dicht auf Gras und Busch. Draussen auf dem noch vereisten, aber gastfreundlichen Fensterbrett zanken sich die Sperlinge um Krümel; doch mein kleiner Freund kümmert sich nicht um sie. Er hat mehr Glück als sie, denn Kälte und Hunger sind ihm immer unbekannt geblieben, und trotzdem war er, hoffe ich, ebenso glücklich wie sie.

Es scheint, als ob er noch den Sommer erleben könnte, doch bezweifle ich, dass ein neuer Frühling seinen kleinen Puls beschleunigen wird, denn er sieht sehr, sehr alt aus. Ich hoffe, dass sein Scheiden plötzlich kommt – es zu beschleunigen hiesse, einen Freund zu ermorden. Und wenn er von mir gegangen ist, bin ich des festen Glaubens, dass ich ihn wiedersehen werde.

Ich habe so eine Idee – vielleicht ist sie absurd, und viele Leute mögen sie belächeln –, dass die Tiere, die Vögel nicht allein sind, wenn der Tod sie ereilt, sondern dass eine Geisteskraft, ich weiss nicht, ob von einem Tier oder einem Engel, ihnen am Ende beisteht und Trost spendet. Der Instinkt, der sie veranlasst, in ihren letzten Stunden die Einsamkeit zu suchen, mag eine tiefere Bedeutung haben, als wir ahnen. Wie dem auch sei, wir sind von höchster Stelle versichert, und zwar in aller Deutlichkeit, dass kein Spatz ohne das Wissen des Vaters der Liebe fällt. Ich bin zuversichtlich, dass der meine keine Ausnahme sein wird.

Jetzt sitzt er auf meiner Hand, während ich schreibe, und zwitschert glücklich. Er weiss nicht, was die Zukunft für ihn birgt, und um die Gegenwart sorgt er sich nicht, solange er bei mir ist.

Wenn ich jetzt über seinen Wert als Freund und Gefährte spreche, möchte ich die Vergangenheitsform benutzen, denn er ist wieder zum Kleinkind geworden, das nur gewärmt und gefüttert werden will. Sein Charakter war – abgesehen von seinem wilden Temperament und der Eifersucht – ohne Makel. Es lag nichts Zerstörerisches in seinem Wesen, und nie war er gierig, obwohl immer bereit zu fressen. Wie alle Spatzen war er ein Opportunist, doch stahl er niemals und nahm sich auch nie, was ihm nicht angeboten wurde. Er war weder listig noch voller Trug, und er kannte weder das Zaudern des Kanarienvogels noch die feierliche Bedächtigkeit des Wellensittichs. Impulsiv, fröhlich und eifrig war er, wusste genau, was er tun wollte, und liess sich nicht leicht von seinem Vorhaben abbringen. Seine Fähigkeit, sich allen Umständen innerhalb der engen Schranken seines Lebens anpassen zu können, war beständig, und sein Mut und seine Heiterkeit liessen nie nach, selbst dann nicht, als er krank und leidend war. Seine Anhänglichkeit und Treue zu mir stand nie ernstlich in Frage.

Seine Gabe, Lieder zu singen, mag vielleicht in der Familie der Sperlinge einmalig gewesen sein, vielleicht auch nicht. Vielleicht haben auch andere Sperlinge in der Gefangenschaft gesungen, doch habe ich, ausser von Catulls kleinem Freund, nie von ihnen gehört. Sollte es der Fall gewesen sein, dann muss sich ihr Sang von dem seinen unterschieden haben. Es wäre in der Tat seltsam, wenn die göttliche Muse, die sich auf der Suche nach Nachtigall und Heidelerche achtlos durch eine Schar zwitschernder Spatzen drängte, einer plötzlichen Eingebung folgend, ihn und nur ihn im Vorbeigehen berührt hätte. Es kann sein, dass er ohne mein Klavierspiel nie gesungen hätte; doch hat er wenigstens bewiesen, dass eine solche Leistung bei seiner Art durchaus möglich ist und dass seine Brüder uns sogar von den Dächern herab erfreuen könnten, müssten sie nicht ewig schwatzen und schelten.

Dass seine Intelligenz überragend war, glaube ich nicht. Ich bin klügeren Vögeln begegnet. Was ihn so interessant und reizend machte, war seine Fähigkeit, durch das Medium der ungewöhnlichen Umgebung seine wilde Natur in einer Sprache auszudrücken, die ein menschlicher Verstand begreifen und an der er teilhaben konnte. Und darin war er vielleicht einzigartig.

—

Mein Spatz starb am 23. August 1952, vier Monate nachdem ich die Aufzeichnung seiner Lebensgeschichte beendet hatte. Er war fast blind, aber sein Gehör war noch sehr scharf. Er war zu schwach, um sich aufrecht zu halten, und obzwar er zwei heldenhafte Versuche unternahm, musste er sich schliesslich still in meiner warmen Hand niederlassen und blieb mehrere Stunden bewegungslos liegen. Plötzlich hob er den Kopf, rief mich in seiner altvertrauten Art und war tot. Er hatte zwölf Jahre, sieben Wochen und vier Tage gelebt, und er war mutig und klug und anscheinend bis zu seinem Ende bei Bewusstsein gewesen. Die Todesursache war das sehr hohe Alter.

Seine Überreste – und was für ein winziges Häufchen zerzauster Federn war's, das von ihm übrigblieb – ruhen in einem kleinen Hoptonwood-Grab. Es ist geweiht dem Andenken von:

CLARENCE

DEM BERÜHMTEN UND GELIEBTEN SPATZ

Timmy

Aus dem Englischen von Ursula von Wiese

Dieses Büchlein ist meinem geliebten Ehemann William John Kipps, FRAM, FRCO, gewidmet, ehemaliger Fellow, Professor und Examinator an der Royal Academy of Music, London, und fast fünfundzwanzig Jahre lang Organist in St Martin-in-the-Fields – auch er liebte Spatzen.

Prolog

Die Geschichte hinter einem Buch und die seltsame Verkettung von Umständen, die dazu geführt haben, dass es geschrieben wurde, sind oft bemerkenswerter als das Buch selbst. Dies gilt besonders für *Sold for a Farthing* (mein erster Versuch als Autorin) und könnte somit Leser interessieren, die das Buch bereits kennen. Auf diese Weise kann vielleicht auch *Timmy* an der Botschaft teilhaben, die der Welt durch jene einfache Geschichte von einem verkrüppelten Spatz bereits vermittelt wurde, und so möglicherweise auch dazu beitragen, diese Welt für die »Kleinen Brüder von Franziskus« ein wenig freundlicher zu machen.

Ich möchte meiner Leserschaft jedoch versichern, dass in meinen beiden Spatzenbiographien nicht die Autorin, sondern die kleinen Helden im Mittelpunkt stehen. Dennoch ist die Geschichte, die ich in diesem Prolog erzählen möchte, eine sehr persönliche. Allein weil bei jeder ernsthaften Suche nach der Wahrheit eher die unmittelbaren als die bloss berichteten Beweise von echtem Wert sind, habe ich mich auf Bitten vieler Menschen, die davon gehört haben, entschlossen, einer breiteren Öffentlichkeit den folgenden autobiographischen Abriss zu geben, in der Hoffnung, er möge einige Leser und Leserinnen in ihrem Glauben bestärken.

Es heisst, dass »Gott zu jedem Menschen, der Ihn begehrt, Seine geheime Treppe herabsteigen wird«: und obwohl jeden Tag viele diese Welt verlassen müssen, ohne auf den heiligen Schritt gehorcht zu haben, muss es eine grosse Zahl von Menschen geben, die sich, wie ich selbst, zumindest gelegentlich der spirituellen Führung von hoher Stelle inmitten der Gefahren und Verwirrungen des Lebens bewusst geworden sind.

Vor etwa hundert Jahren kniete in einem stattlichen Haus am Ufer des Severn ein junges Mädchen am Vorabend ihres Hochzeitstages zum Gebet nieder. Väterlicherseits italienischer Abstammung, hatte sie die Tradition und die Lehre des heiligen Franziskus hochgehalten, und in ihrem Herzen brannte etwas von seinem Geist und seiner Liebe zu allen Lebewesen. Anderntags würde sie ihre gesellschaftliche Stellung und ihr grosses Vermögen aufgeben, um den Mann ihrer Wahl zu heiraten, mit dem sie in Bescheidenheit leben und ihr Leben der Fürsorge für die Armen und Leidenden widmen konnte. Ihr Gebet war ungewöhnlich und hatte folgenden Wortlaut: »Schenke mir einen Sohn, der der Welt die Liebe Gottes verkündet.«

Sie heiratete und bekam einen Sohn, doch er starb. Es folgten zwei Töchter, die beide später unter tragischen Umständen ums Leben kamen. Dann starb ihr Mann, und sie blieb allein zurück. Aber sie war eine sehr gläubige Frau und bereit zu warten.

Im Laufe der Zeit heiratete sie erneut, und am Vorabend ihrer zweiten Hochzeit sprach sie das gleiche Gebet. Wieder wurde ein Sohn geboren, er lebt noch und ist ein guter Mann, auf den sie sehr stolz sein könnte, aber er war nicht die Antwort auf jenes Gebet. Dann bekam sie ein kleines Mädchen und starb selbst binnen drei Tagen. Dieses Mädchen war ich.

Fast vierzig Jahre später, am Vorabend meines Hochzeitstages und ohne zu wissen, dass meine Mutter bei entsprechender Gelegenheit zweimal fast die gleichen Worte benutzt hatte, betete ich: »Gott, schenke mir einen Sohn, der Deine Liebe in der Welt verkündet und diese zu einem freundlicheren Ort macht.« Ich heiratete und bekam zwei Söhne, und beide starben. Dann starb mein Mann, und ich blieb allein zurück.

Ich kaufte das winzige Haus, das ich immer noch bewohne, und hatte mehr als zwölf Jahre lang als einzigen Gefährten einen verkrüppelten Spatz, den ich halbtot vor meiner Tür gefunden hatte, nachdem er aus seinem Nest unter dem Dachgesims gefallen war. Ich sagte mir oft, halb im Scherz und halb in Bitterkeit: »Gott hat mir meine Söhne genommen und mir dafür einen Spatz gegeben.« Aber mit der Zeit erkannte ich, dass ein grossartiger Sohn auch eine grossartige Mutter gebraucht hätte, und weil Bitterkeit im Herzen zu behalten so ist, als würde man den Ostwind in seinen Garten eindringen lassen, so dass die Blumen dort nie wieder wachsen können, habe ich sie vertrieben, und ein stilles Glück ist in mein Leben zurückgekehrt.

Als ich mir eines Morgens den Kopf zerbrach, etwas zu finden, womit ich eine Kongregationalistinnenversammlung in Petworth, Sussex, unterhalten konnte, erinnerte ich mich, wie Walter de la Mare mich gedrängt hatte, die Geschichte meines Spatzen aufzuschreiben, und obwohl ich keinerlei Vertrauen in meine Fähigkeiten hatte, notierte ich sie einfach in einem alten Sixpenceheft, ging hinunter und las sie den Frauen vor.

Bemerkenswerter als das Verfassen des Buches war jedoch seine Illustrierung, denn ohne die Belege durch einige gute Fotografien bezweifle ich, dass die Geschichte geglaubt worden wäre. Aber was sollte ich tun? Der kleine Vogel hatte eine Lähmung erlitten und war im Begriff, an Altersschwäche zu sterben, und alles, was ich mir erhoffen konnte, war ein Bild von ihm, wie er bemitleidenswert in meiner Hand sitzt oder liegt. Aber das wäre immer noch besser als nichts, und so engagierte ich einen ortsansässigen Fotografen für eine »Sitzung« mit ihm.

Dann geschah das Wunder. Kaum stand er auf dem Tisch in meiner kleinen Küche vor der Kamera, die grossen Bogenlampen über seinem Kopf, wurde er »lebendig«, und ohne jegliches Zureden oder Posieren und fast ohne Zögern führte er all die Kunststückchen vor, die er gelernt hatte, kaum dass er flügge geworden war, und die er seit beinahe sieben Jahren nicht mehr geübt hatte, und nahm von selbst die Stimmung, die Haltung und den Ausdruck an, die die Illustrationen verlangten.

Das bemerkenswerteste dieser Bilder trägt den Titel »Tägliche Lesestunde« [siehe S. 8]. Darauf sieht man ihn ruhig, wie in Gedanken, auf die Seite eines kleinen Andachtsbuches mit dem Titel *Daily Light* blicken. Das Buch wurde nur wegen seines Formats ausgewählt und spontan an irgendeiner Stelle aufgeschlagen. Mein Blick war auf den Vogel gerichtet, und ich sagte zu ihm bloss: »Komm und lies dein Buch«, und er bewegte sich sofort in eine so perfekte Position, mit meinem weissen Finger, der sein Köpfchen vor dem dunklen Hintergrund hervortreten liess, dass der Fotograf murmelte: »Das ist *die* Gelegenheit!«

Als das Negativ entwickelt war, bemerkten wir, dass die Worte, auf die sein kleiner Schnabel gerichtet war, die folgenden waren: »Kauft man nicht zwei Sperlinge für einen Groschen? Dennoch fällt keiner von ihnen auf die Erde ohne euren Vater« – ein Ausspruch, der in der Heiligen Schrift wohl aufs wunderbarste darlegt, welchen Wert der Schöpfer jeder individuellen Persönlichkeit all seiner Geschöpfe beimisst. »Hier haben wir also«, schrieb ich, »das Bildnis eines unwissenden und unbedeutenden Sperlings, der doch, ohne es zu ahnen, ein grösserer Lehrer als Karl Marx geworden war. Darum fürchtet euch nicht; ihr seid besser als viele Sperlinge.«

Der Erfolg der Lebensgeschichte dieses Vogels und ihre weltweite Verbreitung sind allgemein bekannt. Obwohl als Naturerzählung geschrieben, hat es sich als Buch mit einer Mission erwiesen, wie mir in Briefen aus Gefängnissen, aus Kinder- und Altersheimen, aus Krankenhäusern sowie von traurigen und einsamen Menschen aus der ganzen Welt versichert wurde.

Dann kam eines Tages ein Brief von einem Karmeliterkloster, und darin standen diese Worte: »Dieses Buch ist vollgepackt mit der Liebe Gottes. Das ist das Geheimnis seines Charmes. Gott bedient sich eines Spatzen, um Seine Liebe einer Welt zu verkünden, die sich danach sehnt.«

Endlich wusste ich, warum mir mein Mann, als ich meinen zweiten Sohn verlor, den Füller geschenkt hatte, mit dem lange danach das Buch geschrieben wurde. Dies war die Antwort auf das dreifache Gebet zweier Generationen. Das Buch war Teil eines Plans, und seine unerfahrene Autorin wie auch sein kleiner, unbedeutender Held waren bloss die Mittel, mit denen der Plan in Gang gesetzt wurde und seine Botschaft sich Gehör verschaffte.

Doctor McIntyre von der Morningside Church, Edinburgh, schrieb: »Der Spatz hat vielen das Herz geöffnet und Tausenden einen Glauben offenbart, dessen sie sich vielleicht bis dahin nicht bewusst waren. Deshalb gilt er als Kollege des Herrn aller Spatzen und aller Engel und aller Welten.«

Deutsch von Christoph Blum

1

Der Spatz von Bloomsbury

Kurz nach der Veröffentlichung meines Büchleins, dem Nancy Price den Titel *Sold for a Farthing* gegeben hatte, fand ich eines Morgens unter den Leserzuschriften, die meinen Briefkasten schliesslich zum Bersten brachten und zu meiner Freude das weitverbreitete und stets zunehmende Interesse der Menschen in diesem Land an den Gewohnheiten und dem Wohlergehen der Vögel bewiesen, einen Brief einer Unbekannten, der mich besonders fesselte. Er war mit »Vanda Clifton« unterzeichnet und enthielt eine Einladung zum Mittagessen in ihrer Wohnung in Bloomsbury; sie sei nämlich, schrieb sie, »auch stolze Besitzerin eines singenden Sperlings«.

Natürlich nahm ich als weltweit berühmteste Seelenforscherin des *Passer domesticus* (soviel ich weiss, gibt es auf diesem besonderen Gebiet ornithologischer Forschungen keinen anderen Bewerber um diesen Titel) die Einladung mit Freuden an, und eine gute halbe Stunde vor der festgesetzten Zeit stand ich vor der Tür einer Wohnung im ersten Stock des Hauses Clare Court. Das war entschieden vorteilhaft, denn ich konnte, ohne abgelenkt oder unterbrochen zu werden, dem Lied eines

Vogels lauschen – deutlich hörbar durch die offene Tür eines Nebenzimmers –, in dem ich sofort einen gewöhnlichen Haussperling erkannte.

Dass es für einen Vogel dieser Art ungewöhnlich und recht bemerkenswert war, liess sich nicht bezweifeln, und ich hörte dem kleinen Motiv gespannt zu; es folgten kurze Triller, die zu einigen

auffallend hohen, klaren Tönen führten, und es wurde (wenigstens schien es meinem möglicherweise ungenügend geschulten Ohr so) von einem leisen Unterton spatzenhaften Tschilpens begleitet, als ob zwei Vögel gleichzeitig zwitscherten – ein Phänomen, das ich bei den stimmlichen Leistungen dieser Spezies noch nie gehört hatte. Es erinnerte mich an die Konzerte von Wladimir von Pachmann[13], der oft herrlich am Flügel spielte und sich gleichzeitig leise, doch verärgert über die mangelnde Wertschätzung in den Gesichtern seiner Zuhörer beschwerte.

Dass der Gesang des Sperlings von Bloomsbury, so ungewöhnlich und interessant er auch sein mochte, mit den melodiösen und vollendeten Kundgebungen meines dahingegangenen geliebten Clarence eigentlich nicht zu vergleichen war, schrieb ich – wahrscheinlich mit Recht – der Tatsache zu, dass der Spatz wohl von verschiedenen Geräuschen angeregt worden war, da es in der Wohnung kein Musikinstrument gab. Ich habe nämlich festgestellt, dass zum Beispiel das Geräusch fliessenden Wassers, das Brummen des Staubsaugers und natürlich auch das Rundfunkgerät beim Gesangsunterricht der Vögel *viel* weniger wirksam sind als eine tägliche persönliche Stunde mit einem vorzüglich gestimmten Klavier, dem der Vogel ganz nahe ist.

Mrs. Clifton, die mich bei ihrem Eintritt herzlich begrüsste, verkörperte einen Typ Frau, der wohl imstande sein musste, das Vertrauen wildlebender Vögel zu gewinnen – sie war anmutig, sanft, hatte eine weiche Stimme und zeigte unendliche Geduld. Und da ihr Dienstmädchen Margaret ebenfalls von ruhigem Wesen war, leise sprach und Vögel liebte, war es nicht verwunderlich, dass die beiden viele dieser kleinen Geschöpfe vor Gefahren gerettet, erfolgreich aufgezogen und dann freigelassen hatten.

Dieser neueste Schützling, den seine Herrin Tintack[14] (oder kurz Tinny) getauft hatte, und zwar wegen seiner Leidenschaft für dieses ausgesprochen ungeeignete Spielzeug, war vor zweieinhalb Jahren an einem dunklen, kalten Abend gefunden worden; damals kauerte er windgezaust auf der obersten Stufe der Holztreppe, die vom Garten zur Hintertür führte. Obwohl er flügge war, hatte er nur ein spärliches Gefieder, und er vermochte nur unsicher zu fliegen. Aber er bezeigte in der Einstellung zu seiner Wohltäterin einen gewissen Mut und eine Unverschämtheit, wodurch er ihre Bewunderung und Liebe gewann, so dass sie es nicht über sich brachte, sich von ihm zu trennen. So lebte er seit zweieinhalb Jahren, anscheinend glücklich und ohne Verdruss, bei seinen menschlichen Freundinnen.

Doch zurück zu meiner Geschichte. Gleich nach dem Mittagessen führte mich meine Gastgeberin in den Salon, damit ich den Unterhaltungskünstler kennenlernte, und nachdem mir ein kurzer Blick auf ihn erlaubt worden war, wurde ich höflich und mit einer Entschuldigung gebeten, mich in einem fernen Winkel des Raumes hinter einem Vorhang zu verstecken und mich ganz still zu verhalten, weil der Vogel »im Beisein Fremder ungewöhnlich scheu« sei.

Mrs. Clifton öffnete dann die Käfigtür, kniete sich etwas entfernt demütig auf eine Matte nieder, rief sanft: »Tinny!« und forderte ihn auf, aus ihrer eleganten, feinfühligen Hand Hanfsamen entgegenzunehmen. Ohne zu zögern, nahm seine Hoheit die Einladung an.

Während ich seinen schnellen, anmutigen, wellenförmigen Flug betrachtete, den schlanken, stromlinienförmigen Leib, die zierlichen Füsschen und den langen, graziösen Schwanz, dachte ich im stillen, noch nie hätte ich einen Spatz gesehen, der in Form, Farbe und Zeichnung so schön war oder so würdevoll im Verhalten. So hochbegabt Clarence auch gewesen war – mit seinen ausdrucksvollen Augen, der hohen Stirn und den vorspringenden Augenknochen, die meiner Meinung nach musikalisches Talent verrieten –, er musste als ein Kind des Volkes betrachtet werden, und vielleicht war er gerade aus diesem Grunde besonders liebenswert und reizvoll gewesen. *Dieser* Sperling hingegen war ein Aristokrat, stolz und gönnerhaft sogar seiner Wohltäterin gegenüber, und wenn er sich auch dazu herabliess, sich auf ihre Schulter zu setzen und Hanfsamen von ihr entgegenzunehmen, so erlaubte er doch nicht, dass man sich ihm gegenüber Freiheiten herausnahm.

Die festliche Zeremonie des Hanfsamenopfers hatte etwas Orientalisches und beinahe Heiliges, das ich, nur ein stummes Mitglied der Unberührbaren, gnädigerweise aus schattiger Entfernung ansehen durfte. Es war ein Anblick, der mir nie wieder vergönnt sein wird und den ich nie vergessen werde.

Einige Monate später wurde mir telefonisch die traurige Nachricht zuteil, Mrs. Clifton sei plötzlich gestorben, ihre Wohnung habe man an andere Leute vermietet und niemand wolle ihren Vogel haben. Ob ich ihn wohl nehmen würde, wurde ich gefragt. Es sei zu spät im Jahr, fuhr die Stimme am

Telefon fort, um ihn freizulassen, und ausser mir gebe es keinen Menschen auf der Welt, dem seine Herrin ihn anvertraut hätte.

Bedauernd lehnte ich ab. Ich machte geltend, dass ich mehr als zwölf Jahre lang mein Leben der Pflege und dem Dienst an einem verkrüppelten Sperling gewidmet hätte – immer und überall an ihn denkend, da er rings um meine Füsse spielte (eine winzige Gestalt mit langsamen Bewegungen in seinen späteren Jahren, kaum unterscheidbar von dem braungefleckten Fussboden des Schlafzimmers, das er mit mir teilte), und stets von Ängsten gejagt, auch in einem Konzert oder bei einem einstündigen Besuch im Hause einer Freundin, nämlich von der Befürchtung, ich *könnte* vielleicht doch sein Fenster offengelassen haben, und das in einer Gegend, wo es von Katzen wimmelte. Jetzt wurde ich allmählich alt, betonte ich. Bevor es zu spät wäre, wollte ich frei sein, meine eigenen Flügel auszubreiten und lange Ferien an den Seen Schottlands oder Irlands oder in den Bergen von Wales zu geniessen; ich wollte endlich die Freiheit wiedererlangen, die ich so lange geopfert hatte.

Es gab jedoch kein Entrinnen. In der feuchten, kalten Abenddämmerung jenes Tages, des 18. November 1955, wurde der stolze Heimatlose in seinem Käfig zu einer Haustür gebracht, die ein verkrüppelter Sperling schon berühmt gemacht hatte. Und mit einem Seufzer liess ich ihn ein.

Er ist immer noch bei mir – ein anspruchsvollerer und herrischerer Gefährte als sein sanfter Vorgänger, aber einer, der immerhin Disziplin und Gehorsam gelernt hat (wozu meiner Ansicht nach alle bewusst lebenden Geschöpfe gebracht werden können), *ohne dass er je Entbehrungen oder Strafen jeglicher Art erlitten hätte,* und unmissverständlich beweist er nicht nur hohe Intelligenz, sondern auch eine originelle Vorstellungskraft, worin er sogar den »berühmten und geliebten Clarence« übertrifft.

2

Stolzer Heimatloser

Im letzten Weltkrieg war uns beim zivilen Luft-
schutzdienst eingetrichtert worden, ein Flüchtling,
der sich plötzlich in eine neue Umgebung unter
Fremde versetzt sehe, brauche zunächst ganz bestimmte Dinge: »Heisst ihn willkommen, gebt ihm
Wärme, reicht ihm Tee, und lasst ihn reden« – ein
Satz, den ich aus mehreren Seiten Instruktionen zu
einem Slogan verdichtet hatte, weil er sich so leichter merken liess.

Daran musste ich an jenem Abend denken, als
ich, nachdem meine Besucher gegangen waren,
meinen kleinen Heimatlosen in denselben ge-
schützten Winkel meines Schlafzimmers setzte,
wo Clarence so viele Jahre friedlich geschlafen
hatte – an denselben stillen Zufluchtsort im selben
kleinen, intimen Raum mit seinen harmonischen
Farben und seiner dunklen, freundlichen, aber un-
auffälligen elisabethanischen Einrichtung.

Dann legte ich über meine Nachttischlampe ein
goldenes Halstuch, so dass das Zimmer von einem
sanften Schein wie fahlem Mondlicht in einer wol-
kigen Nacht erhellt wurde. Ich hoffte, dass er dadurch an seine Kindheit erinnert würde, vielleicht
sogar an jene erste abenteuerliche Nacht, in der

seine Mutter ihn am sichersten Ort, den sie finden konnte, versteckt und ihm leise zugeflüstert hatte: »Rühr dich ja nicht, wenn der Mond am Himmel steht und die Katzen umherschleichen.« Er hatte ihr gehorcht, und alles war gutgegangen.

Ich setzte ihm warme Milch und einen Teelöffel voll Traubenzucker vor, und beides nahm er gnädig an. Dann bedeckte ich seinen Käfig mit einem weichen grünen Tuch, kniete nieder, drückte mein Gesicht ans Gitter in der Nähe der obersten Stange, die er sich als Schlafplatz ausgesucht hatte, und sprach mehrere Minuten leise und zärtlich mit ihm.

Diese sanfte Ouvertüre wurde, wie ich erwartet hatte, mit einem kräftigen Hieb des sehr starken Schnabels belohnt; aber aus langer Erfahrung hatte ich gelernt, dass dies bei einem Vogel, dem es freisteht umherzufliegen – wenn auch nur in begrenztem Raum –, als Zeichen des Vertrauens zu werten ist und einem rauhen, jedoch nicht unfreundlichen Händedruck gleichkommt. Beruhigt steckte ich ein Shortbread durch die Käfigstangen, und als ich durch ein unmissverständliches Knabbergeräusch noch mehr ermutigt wurde, stiess ich einen Seufzer der Erleichterung aus und kroch leise ins Bett.

Aber der Schlaf wollte nicht kommen. Der Name Tintack, der sich selbst in der abgekürzten Form Tinny so gar nicht für ein so erdentrücktes und schwer fassbares Geschöpf wie einen Vogel eignete und für einen Sperling geradezu eine Beleidigung war, liess mir keine Ruhe; ich hatte längst beschlossen, dass der Name geändert werden *musste,* und je früher das geschah, desto besser.

Ich zerbrach mir den Kopf nach einem passenden Ersatz, und mir kamen Timon, Timothy und Timoshenko in den Sinn. Von diesen Namen wählte ich Timon, den griechischen Philosophen, der berühmt für seine Dialoge war und dem ich die Fähigkeit zugetraut hätte, allen seinen Feinden zu trotzen und jeden Rivalen zu Boden zu reden. Alle Haussperlinge sind streitsüchtig, und sie können die meisten anderen Vögel zum Schweigen bringen oder wenigstens übertönen, die so unklug sind, an ihren Versammlungen teilzunehmen, ihre Zuhörer mit Zwischenrufen zu stören oder ihre Reden mit groben Bemerkungen zu unterbrechen.

Der Name Timon (der sich auf Timmy abkürzen liess) würde bestimmt widerspruchslos angenommen werden. Da mein eigentümlicher Sperling ohne Zweifel ein sehr empfindsames Gehör hatte, würde er die beklagenswerte falsche Aussprache des Namens, an den er längst gewöhnt war, einem leichten Sprachfehler zuschreiben. Aber warum sollte mich das stören, wenn doch Carlyle geschrieben hatte – und die Richtigkeit dieses Ausspruchs war von unserem geliebten George VI. unwiderlegbar bewiesen worden –, dass ein *leichtes* Stottern, das oft auf eine empfindsame und liebenswerte Natur hindeute, nicht selten bei genialen Menschen angetroffen werde?

Nachdem ich mir all dies zu meiner Genugtuung überlegt hatte, schlich ich abermals zu dem Käfig im dunklen Winkel. Immerzu wiederholte ich den Namen Timmy, wobei ich den Nachdruck aufs erste M legte und danach eine Pause machte, bis ein Ausbruch unterdrückter Verwünschungen bestätigte, dass mir mein junger Freund wenigstens zugehört hatte. Dann kehrte ich in mein Bett zurück und fiel in traumlosen Schlaf.

Am folgenden Tag wurde ich um zehn Uhr durch ein heftiges Gerassel der Käfigstangen geweckt, und als Timmy auf seinen neuen Namen mit lautem, frohlockendem Tschilpen antwortete, hatte ich das Gefühl, die erste Runde des Wettstreits gewonnen zu haben.

3

Die Ehrenrettung

Wenn man mit einem charaktervollen und klugen Asylsuchenden zu tun hat, ergibt sich, wie wir alle wissen, vor allem das Problem, ihm einen Platz einzuräumen, wenn auch nur einen sehr kleinen, den er sein eigen nennen kann. Ausserdem braucht er wenn möglich einen Freund und Gefährten, den er lieben und dem er vertrauen kann.

Timmys verstorbene Herrin, genauer gesagt ihr freundlicher und gewissenhafter Sohn, hatte bereits einen Freund für ihn gefunden, nämlich mich; aber mir blieb es immer noch anheimgestellt, ihn dazu zu bringen, dass er mich in dieser Vorzugsstellung gelten liess, und da er bereits erwachsen und in der Blüte seines Lebens war, durfte keine Zeit verloren werden; je früher wir uns zu verstehen begannen, desto besser. Deshalb gab ich ihm am folgenden Morgen kurz nach Tagesanbruch seinen ersten Unterricht in Dankbarkeit und Höflichkeit, indem ich eine reichliche Menge Kuchen- und Brotkrumen auf eine Bettdecke streute, die nur für solche Gelegenheiten bestimmt war, die Käfigtür öffnete und ihn einlud, mit mir zu frühstücken. Dann legte ich mich wieder ins Bett, wo ich ihm – zu mehr als der Hälfte zugedeckt – weniger gewaltig erscheinen musste.

Der Haussperling ist der grosse Opportunist im Tierreich, und wie erwartet zögerte er denn auch nicht, meine Einladung anzunehmen. Nachdem er die ganze Inszenierung vom Bilderrahmen am anderen Ende des Zimmers aus mit kritischem Auge betrachtet hatte, flog er anmutig zu dem improvisierten Frühstückstisch hinunter und liess es sich schmecken. Ich richtete mich auf, nahm einen grossen Hanfsamen zwischen Zeigefinger und Daumen und hielt ihn ihm hin. Bei unserer ersten Begegnung hatte ich gesehen, dass seine Herrin ihn auf diese Weise aus der Hand fressen liess. Er kam sofort zu mir geflogen, scheute jedoch plötzlich, vermutlich nicht vor mir, sondern vor seiner fremden Umgebung. Er liess den Hanfsamen fallen, kreiste mehrmals im Zimmer herum, setzte sich auf ein Bild an der Wand, diesmal etwas näher bei mir, und wartete dort stumm ab, was als nächstes geschehen mochte.

Abermals bot ich ihm einen Hanfsamen an, und Timmy flog auf mein Bett. Ich rief ihn sacht, und er rückte etwas näher zu mir. Mit jähem Impuls, der mich überraschte, setzte er sich auf mein Handgelenk, und nachdem er meine Hand mit seinem scharfen, kräftigen kleinen Schnabel nach seinem Belieben bearbeitet hatte, nahm er die Opfergabe mit einer unterdrückten Verwünschung an. Zweifellos dachte er: »Schliesslich ist eine Sklavin so gut wie die andere, wenn sie nur ihren Platz kennt und sich damit bescheiden will, und sollte diese zweite mir ebenso treu dienen und sich als so nützlich, dienstbereit und folgsam wie die erste erweisen, so brauche ich mich wirklich nicht zu beklagen.«

Ich versicherte Seiner kleinen Majestät, ob es ihm klar war oder nicht und bei aller schuldigen Achtung vor seiner verstorbenen lieben Herrin, er könne von Glück sagen, denn ich sei in der Lage, seine schlafenden Talente zu entwickeln und ihn zu einer sehr berühmten Persönlichkeit zu machen; eine derartige Gelegenheit biete sich nicht jedem. Das machte ihm jedoch gar keinen Eindruck, und da er sich seiner ungeheuren Bedeutung längst bewusst war, verwies er mich weiter an meinen Platz, indem er nach mir hackte und mich schalt; denn seiner Ansicht nach musste ich ihm untertan sein. Hierauf flog er zu einem Bild über meinem Toilettentisch, das er von diesem Augenblick an als seinen Beobachtungsposten betrachtete – und bei wichtigen Anlässen, zum Beispiel beim Besuch des Mannes, der später sein Verleger wurde, als seinen Staatssessel –, auf dem er feierlich, stumm und eindrucksvoll wie Edgar Allan Poes Rabe sass.

Ich überliess ihn der friedlichen Meditation über seine eigene Bedeutung und ging aus, um Besorgungen zu machen. Als ich ungefähr eine Stunde später zurückkehrte, stand er auf dem kleinen Büchergestell beim Fenster neben dem grossen roten irdenen Blumentopf-Untersatz, der ihm schon immer als Badewanne gedient und den Mr. Clifton bei der Ablieferung des Sperlings zum Glück mitgebracht hatte. Der tropfnasse Zustand seiner Umgebung, einschliesslich meines Bettes, deutete an, dass er ein Bad genommen hatte, und er war viel zu sehr damit beschäftigt, sich zu trocknen und zu putzen, um etwas so völlig Unbedeutendes wie meine Person zu beachten. Da er das Zimmer also offenbar als sein Eigentum ansah, setzte ich mich bescheiden hin und wartete auf Befehle. Unvermittelt flog er mir zu meiner Überraschung auf die Schulter, versetzte mir einige heftige Schnabelhiebe an den Hals und einen an die Wange, wobei er mein Auge um Haaresbreite verfehlte, und nachdem er mich so an meine untergeordnete Stellung in seinem Haus erinnert hatte, schüttelte er sein Gefieder, putzte seinen ungewöhnlich langen Schwanz und vollendete seine Toilette.

Danach wurde er allmählich etwas weniger herablassend und manchmal sogar recht gnädig, etwa wie ein grosser Mann einem Diener gegenüber, der sich ihm als nützlich und vertrauenswürdig erwiesen hat. Nach wenigen Wochen waren wir zu einem Einvernehmen gelangt, und obwohl er immer noch eine ziemlich gönnerhafte Haltung einnahm und mir laute, lange und eindrückliche Standpauken hielt, wenn ich mir etwas herausnahm oder ihn kränkte, entwickelte sich daraus mit der Zeit eine innige Freundschaft, die noch bemerkenswerter wurde als jene, die über zwölf Jahre zwischen seinem sanfteren Vorgänger und mir bestanden hatte.

Schon am nächsten Morgen – und danach fast ausnahmslos jeden Morgen, nachdem wir angefangen hatten, einander als Freunde zu betrachten – flog mein neuer Gefährte sogleich zu mir, als ich seinen Käfig abdeckte, und wir frühstückten gemeinsam. Obwohl er es jahrelang jedesmal übelnahm, wenn sich meine Hand um ihn schloss, um ihn in seinen Käfig zu setzen (um meiner Bequemlichkeit willen oder wegen seiner Sicherheit musste das manchmal sein), wusste er doch, dass mir sein Wohl am Herzen lag, und nach Möglichkeit achtete ich seine Gefühle, so dass mir sein Vertrauen erhalten blieb.

Als er an jenem ersten Morgen seines Zusammenlebens mit mir, wovon dieses Kapitel berichtet, schlank, aufrecht und würdevoll auf meinem Nachttisch im hellen Sonnenschein stand, dachte ich, was für ein ungewöhnlich schöner Vogel er schon unter der Obhut seiner verstorbenen Herrin geworden sei und wie sehr er ihrem Andenken und ihrer liebevollen Pflege zur Ehre gereiche. Ihr zuliebe und auch um seinetwillen wollte ich ihm nichts von den kleinen Freuden und Vorrechten rauben, die er früher genossen hatte, und ich war entschlossen, ihm noch mehr Glück zu vermitteln und ihn gleichzeitig die Vorteile einer weiteren Erziehung geniessen zu lassen.

Mit seinem zimtgoldenen und tiefbraunen Mantel, der goldgeflammten Weste und den tabakbraunen Kniehosen, die seinen kräftigen, aber schlanken und eleganten Beinen so gut passten, war er entschieden ein prachtvolles Exemplar der aristokratischen und höchst eingebildeten Sperlingsfamilie, und schon begann ich sehr stolz auf ihn zu sein.

4

Der Musiker

Sobald sich mein junger Freund an sein neues Leben mit mir gewöhnt hatte, hielt ich es für meine Pflicht und Schuldigkeit, seine musikalische Begabung zu unterstützen, indem ich ihm, wenn irgend möglich, jeden Tag am frühen Morgen mindestens eine Stunde auf dem Klavier vorspielte. Er schien meine Bemühungen zu schätzen, wenn er auch keine grosse Begeisterung zeigte, und nach einigen Monaten hatte er so grosse Fortschritte gemacht, dass ich der BBC schrieb und anfragte, ob man wohl eine Bandaufnahme von seiner Darbietung machen wolle. Tony Soper[15], der bekannte Ornithologe und Radiosprecher, kam eigens aus Bristol, um die Aufnahme zu machen.

Aber ach, wie es so oft bei jungen Künstlern der Vogelwelt geschieht, die nicht darauf dressiert sind, sich öffentlich zu produzieren, liess er mich schmählich im Stich. Er vergass seine Würde und benahm sich wie ein kleiner Gassenjunge, dem er auch auf einmal ähnlich sah. Als ich seine Badewanne an dem berühmten Besucher vorbeitrug, sprang der Spatz hinein, ohne sich auch nur zu entschuldigen, und tschilpte laut und beinahe ununterbrochen. Ich glaube, es war meine Schuld.

Törichterweise hatte ich Timmy ins Musikzimmer gebracht, wo draussen vor den Fenstern zahlreiche Spatzen krakeelten und stritten, und hier liess ich ihn, während ich überall im Hause aufräumte und für meinen Gast kochte. Tatsächlich *entdeckte* er an dem Tage, an dem das wichtigste Ereignis seines bisherigen Lebens stattfinden sollte, plötzlich Sperlinge. Sie fesselten ihn sehr, und vielleicht war er darauf versessen, mit diesen Vögeln, die ihn zweifellos an die Spielgefährten seiner Kindheit erinnerten, in Verbindung zu treten. Infolgedessen vergass er nicht nur seine guten Manieren, sondern er tschilpte eintönig während der vier Stunden, in denen wir vergeblich warteten, ihn singen zu hören. Später im Jahr kaufte ich ein kleines Tonbandgerät, und ich verschwendete viele Stunden mit dem gleichen enttäuschenden Ergebnis. Ich hoffe zwar immer noch auf einen zukünftigen Erfolg, doch bisher ist es mir nicht gelungen, seine Gesangstücke aufzunehmen, ausser einer etwas albernen Aufnahme, bei der ich grösstenteils rede und er im letzten Augenblick nach deutlicher Veränderung in Ton und Stimmcharakter eine einzige klare Note hören lässt, welche die übliche Skala des Sperlings weit übertrifft. Wie gesagt, ich hoffe immer noch, etwas hervorbringen zu können, das ihm gerecht wird, zumal sich sein Repertoire in bezug auf Umfang und Vielfalt der Töne immer noch zu vergrössern scheint.

In der Zwischenzeit wurde natürlich auch sein Musikunterricht nicht vernachlässigt, denn ich spielte ihm am frühen Morgen oft die berühmten Stücke von Chopin und Henselt[16] vor, die seinen Vorgänger so sehr entzückt und angeregt hatten. Es ist nicht leicht, die Darbietung der beiden Vögel zu vergleichen, weil sie eine ganz verschiedene Jugend und Ausbildung gehabt haben. Aber beide beweisen, dass es möglich ist, dem gewöhnlichen Haussperling einen Gesang von bemerkenswerter Vielfalt beizubringen, wenn sich die Gelegenheit dazu bietet: Allerdings glaube ich, dass von den beiden Clarence die ausgeprägtere musikalische Begabung hatte, und ganz entschieden bereitete ihm die Ausübung viel grösseres Vergnügen als Timmy. Clarence sass gern auf meiner Hand, meinem Arm oder meiner Schulter (je nach dem Tempo des Stückes), während ich spielte, und dabei bebte er vor Freude. Der erste Abschnitt seines Gesanges hatte etwas von der spontanen Ekstase der Lerche, wohingegen der zweite sein eigenes Thema war, entschieden eine logische Folge von Tönen, die nie variiert wurden, ein Gesang, der sich meines Wissens mit keinem anderen Vogellied vergleichen lässt.

Timmy hingegen ist meiner Ansicht nach wie sehr viele Vögel eher ein Nachahmer als ein Musiker; sein Thema oder mindestens etwas sehr Ähnliches habe ich gelegentlich auch von anderen

Vögeln gehört. Was mir jedoch bemerkenswert erscheint, das ist seine offensichtliche Fähigkeit, sein Liedchen zu singen und es gleichzeitig zu begleiten, indem er in tieferer Stimmlage obligat zwitschert; dabei sticht mitunter ein einzelner Ton so klar hervor, dass ein Intervall von zwei Tönen entsteht, die deutlich zusammen gesungen werden. Das ist allerdings wahrscheinlich eine Täuschung, denn obwohl ich ein sehr gutes Gehör habe, kann es sein, dass ich die unglaublich kleine Pause zwischen den beiden Tönen nicht schnell genug zu erfassen vermag. Das merkte ich eines Tages, als Timmy und ich beisammensassen: Da zuckte er plötzlich auf, als ob ihn etwas erschreckt hätte, entschied aber offenbar, dass er keinen Grund zur Beunruhigung hatte, und machte es sich auf seinem Sitz wieder gemütlich; das alles spielte sich in dem Sekundenbruchteil ab, ehe das ungewöhnliche Geräusch, das ihn beängstigt hatte, mein Ohr erreichte. Was mich an seinen musikalischen Darbietungen am meisten beeindruckt, ist seine Fähigkeit, Töne zu treffen, die auf dem Klavier überhaupt nicht wiederzugeben sind, da sie weniger als einen Halbton auseinanderliegen; und zwar ist sein Ton um so klarer, je höher er singt. Ich glaube, ich kann dieses Kapitel am besten abschliessen, wenn ich – mit seiner Erlaubnis – den Bericht wiedergebe, den Eric Coles, der damalige Inspector der RSPCA[17] für Bromley und Umgebung, vor einigen Jahren auf meine Bitte hin schrieb, nachdem er mich besucht und Timmys musikalischer Darbietung mit grossem Interesse gelauscht hatte. Da Eric Coles ein Waliser mit einem ausserordentlichen musikalischen Gehör ist und sowohl die Vögel wie auch ihren Gesang sehr gut kennt und schätzt, halte ich seine Bestätigung dessen, was ich gerade niedergeschrieben habe, für so wertvoll, dass ich sie vollständig zitieren möchte:

In Ausübung meiner Pflicht als RSPCA-Inspector für Bromley und Umgebung hatte ich Gelegenheit, Mrs. Clare Kipps aufzusuchen, die Autorin dreier entzückender Bücher über die Vogel- und Tierwelt.

Als ich Anfang August in ihr gemütliches Heim kam, stellte ich fest, dass »Clarence«, der von Mrs. Kipps so lange betrauert worden war, einen Nachfolger erhalten hatte. Sie zeigte mir einen klaräugigen und schön gefiederten Sperling, dessen Federn doppelt so farbenreich und glänzend waren wie das Gefieder seiner Vettern draussen. Der Schnabel und die Unterschenkel des Sperlings waren viel heller als bei einem wildlebenden Vogel, und das schreibe ich der wunderbaren Ernährung zu, die ihm so grosszügig zuteil wurde.

Der Vogel durfte sich in Mrs. Kipps' Schlafzimmer frei bewegen, und ich staunte über die Zahmheit des Tierchens. Der Spatz setzte sich auf ihre Hand, wenn er gerufen wurde, und wartete darauf, dass sie ihm die Hanfsamen mit den Zähnen aufknackte, ehe sie

sie ihm reichte. Wenn er sah, dass sie einen Sixpence hervorholte, und die Anweisung erhielt: »Bring das zur Bank«, nahm er die Münze in den Schnabel, flog zu einem Bild über dem Bett und liess sie dahinter fallen.

Als wir uns ins Wohnzimmer begaben, blieb der Vogel im Schlafzimmer zurück, dessen Tür angelehnt war. Mrs. Kipps und ich unterhielten uns, und auf einmal vernahm ich aus dem Schlafzimmer ein merkwürdiges Gemurmel. Ich fragte Mrs. Kipps, ob Timmy mit einem Vogel draussen spreche, aber sie verneinte. Da kam mir der Gedanke, dass er unsere beiden Stimmen nachahmte. Seine Herrin imitierte er mit klaren Tönen und einem hohen Triller, und wenn ich sprach, ging er auf einen viel tieferen Ton hinunter.

Auf meine Bitte setzte sich Mrs. Kipps an ihr reizendes Klavier und spielte, und da wurde ich überzeugt, dass der Vogel ihre Musik nachahmte, denn wenn sie im Diskant spielte, hob sich die Stimme des Vogels bis zur Grenze ihrer Skala; einmal schlug er das hohe C an und hielt es. Noch nie hatte ich von einem Sperling einen solchen Ton gehört. Automatisch liess der Vogel die Stimme sinken, wenn die tieferen Noten gespielt wurden.

All dies beweist mir, dass ein Vogel fern seiner natürlichen Umgebung glücklich und zufrieden sein kann, wenn er die wunderbare Pflege, Aufmerksamkeit und Liebe empfängt, die dieser Sperling so offensichtlich genoss. Allerdings bildet Mrs. Kipps insofern eine Aus-

nahme, als sie der einzige mir bekannte Mensch ist,
der die natürliche Gabe hat, diese Geschöpfe zu verste-
hen. Der gewöhnliche Mann von der Strasse ist dazu
nicht imstande. Dieser Vogel ist in seiner Umgebung
glücklich und zufrieden, aber seine Herrin und ich
stimmen darin überein, dass dies bei einem Vogel eine
Ausnahme ist, besonders bei einem, der die natürliche
Freiheit gekannt hat; die wenigsten könnten sich an
ein Leben im Hause gewöhnen, und es wäre nicht *zu*
empfehlen, wildlebende Vögel zu fangen und sie zu
Haustieren machen zu wollen. Am besten lässt man
sie in ihrer natürlichen Umgebung, und man kann
im Garten in ihrer Gesellschaft viele schöne Stunden
verbringen, zumal wenn man sie mit Vogelfutter und
Wasser versorgt. Die Beobachtung der Vögel gehört zu
den faszinierendsten Freizeitbeschäftigungen, die ich
kenne.

Ich kann Mr. Coles nur beistimmen; und ich
möchte diese Gelegenheit wahrnehmen, ausdrück-
lich zu betonen, dass ich es falsch finde, Vögel in
Gefangenschaft zu halten, ausser in Vogelhäusern,
wo sie ein natürliches Leben führen können. Auf
keinen Fall aber in kleinen Käfigen. Deshalb be-
grüsse ich den Kult um den Wellensittich, und ich
habe den begründeten Verdacht, dass diese Mitglieder der Papageienfamilie *uns* als Ausstellungsstücke
betrachten und es ebenso vergnüglich finden, uns
zu beobachten, wie wir uns an ihnen freuen. Meine

eigene ziemlich ungewöhnliche Fähigkeit, Zuneigung und Vertrauen freiheitsgewohnter Vögel zu gewinnen, rührt, glaube ich, von meiner sehr einsamen frühen Kindheit her, in der ich aufgrund der Misshandlung durch ein Kindermädchen einige Jahre ein Krüppel war. Damals waren Vögel meine einzigen Spielgefährten, und ich hoffe aufrichtig, dass sich die Leser meiner Bücher über die beiden kleinen Spatzen klarmachen werden, worauf meine Macht beruht: Wenn ich ihre Zuneigung gewinne, so ist es die Belohnung für die dreiundzwanzigjährige geduldige und aufopfernde Liebe einer Witwe, die ihre Kinder verloren hat. Ich habe allein gelebt und die Vögel beobachtet, und ich habe ihr Vertrauen gewonnen. Wenn ich den gegenwärtigen Gefährten meiner Einsamkeit anschaue und mir überlege, welch eingeschränktes und unnatürliches Leben er gezwungenermassen mit mir führen muss, sage ich oft zu ihm: »Ich war es nicht, die dich zuerst in einen Käfig gesetzt hat, kleiner Timmy.«

5

Der Nachahmer

Im Leben der meisten Menschen folgt ein Wunder dem anderen, wenn wir Augen haben, sie zu sehen, und Freunde, die uns helfen, sie zu erkennen. Dass dies auch bei Tieren und sogar bei Vögeln der Fall sein kann, die Pflege, kluge Kameradschaft und weise Dressur seitens ihrer menschlichen Freunde erfahren, ist bekannt und hat sich im Verlauf der Jahrhunderte immer wieder erwiesen.

Gleichwohl überraschen sie uns oft. So war auch ich höchst verwundert, als Timmy im Alter von schätzungsweise fünfeinhalb Jahren plötzlich die menschliche Sprache nachzuahmen begann. Nur einmal im Jahr verlasse ich meinen Sperling, dem ich mich sonst ausschliesslich widme und dessen Charakter und Benehmen ich fortwährend sorgsam studiere; und das ist die Weihnachtszeit, die ich bei meinem Bruder und seiner Familie verbringe. Für Timmy sorgt dann meine freundliche Nachbarin, Mrs. Hillyard, die Vögel ebenfalls sehr liebt; sie nimmt ihn in ihr Haus, wo er von der ganzen Familie herzlich willkommen geheissen und restlos verwöhnt wird.

Dort lernte er im Dezember 1956 Georgie kennen, einen schönen blauen Wellensittich, der sehr deutlich reden konnte und grossen Wert darauf zu legen schien, dass jeder, der ins Haus kam, seinen Namen hörte und nicht so bald vergass. Er hatte tatsächlich sehr viel über Georgie zu erzählen, obwohl er sich oft wiederholte und keine gelehrte Sprache führte.

Bei meiner Heimkehr wurde ich von Timmy ekstatisch und begeistert begrüsst. Wie stets schien er meinem Hut die Schuld zu geben, mich von ihm weggehext zu haben, denn er bestrafte ihn mit einem Schnabelhieb, ehe er sich auf meiner Schulter niederliess. Dann aber erschreckte er mich sehr, denn er sagte plötzlich mit ziemlich kehliger, aber unmissverständlich menschlicher Stimme: »Georgie, Birdie, ich lieb' dich … ich lieb' dich.«

Das Wort »Birdie« (Vögelchen) überraschte mich zwar, aber beeindruckte mich nicht, denn eine ganze Reihe von Vögeln, wie die Drossel, artikulieren es oft sehr deutlich. Aber »Georgie« war zweifellos ein untrüglicher Beweis, dass Timmy sprechen konnte. Hätte man es ihm in seiner Kindheit und Jugend systematisch beigebracht, so wäre er möglicherweise sogar sehr gut darin geworden. Clarence hatte niemals gezeigt, dass er eine solche Begabung hatte. Zwar sprach Timmy den Namen mit einem weichen G aus, wie es in Frankreich üblich ist, aber natürlich könnten seine Vorfahren den Ärmelkanal überquert haben, und sein kühner, beeindruckender Charakter, sein natürlicher Stolz und sein edles Auftreten legten eine Abstammung von den aristokratischen Spatzen aus der Zeit vor der Revolution nahe. Ich halte das natürlich für höchst unwahrscheinlich, aber man weiss ja nie.

Jedenfalls war er ganz entschieden ein *ungewöhnlicher* Spatz, und wenn er auch die Erinnerung an meinen sanften Clarence nicht zu verscheuchen vermochte, so war er doch ein höchst interessanter Vogel, auf den ich stolz sein durfte.

Die nächste Überraschung bereitete er mir, als er die erste Zeile der Nationalhymne deutlich wiedergab. Ich hatte sie ihm in verschiedenen Tonlagen vorgespielt, um ihn zu unterhalten. Wenn er Sinn für Humor gehabt hätte (was ich stark bezweifle), hätte er sich an der Verwunderung auf meinem Gesicht geweidet; wenigstens glaube ich, dass ich sehr erstaunt dreinschaute, als er die Zeile mit sichtbarem Stolz und ungeheurem Selbstvertrauen in mehreren verschiedenen Tonlagen wiederholte. Er trug sie fehlerlos vor, nur die vierte und die fünfte Note waren gleich, das heisst natürlich, dass er bloss bei der fünften Note, die einen Ton zu tief lag, einen Fehler machte. Es kann natürlich sein, dass er dies als eine Verbesserung des Originals betrachtete, denn Sperlinge sind, wie wir alle wissen, von ihren eigenen Ansichten zutiefst überzeugt und äussern sie bei vielen Gelegenheiten nachdrücklich. Mehrere Besucher hörten diese Darbietung, aber da Timmy ein Mann weniger Worte war, kann keiner von ihnen mit Fug und Recht behaupten, er habe den Sperling reden hören. Die einzige Ausnahme ist mein Gärtner, Mr. Hemsley, der im Verlauf der Jahre öfters Gelegenheit hatte, Timmys verschiedene Sprachübungen anzuhören.

Ich war jedoch entschlossen, der Sache auf den Grund zu gehen und selbst zu entdecken, ob das, was aus der Nähe wie eine Imitation der menschlichen Sprache klang, vielleicht nur eine besonders klar und eindringlich hervorgebrachte Spatzensprache war. Deshalb ging ich im Frühjahr 1960 für eine Woche nach Eastbourne, eigens zu dem Zweck, die Musikalität und das Nachahmungsvermögen der Sperlinge zu erforschen. Dort sind die Vögel ausserordentlich zahm, da sie fortwährend von den Feriengästen gefüttert werden, und während ich am steinigen Strand sass, »fern vom Treiben der Menge«,[18] bot sich mir eine einzigartige Möglichkeit, die Sprache und Phonetik kleiner Vögel zu studieren.

Es war ein lohnendes Erlebnis. Die Spatzen waren sehr zutraulich zu mir. Die Liebespärchen fürchteten mich gar nicht, und die herrischen kleinen Hähne – aufgeplustert, in Hochstimmung und ein wenig lächerlich aussehend, wie es bei solchen Anlässen der Fall ist – jagten die schwer zu fangenden kleinen Hennen über meinen Schoss und schrien: »Ich lieb' dich … lieb' dich … *lieb'* dich!« Die schüchternen Jüngferchen liefen vor ihnen weg und versteckten ihr mädchenhaftes Erröten hinter meinem Rücken. Die Ähnlichkeit dieser merkwürdigen Lockrufe mit menschlichen Worten war unverkennbar, obzwar natürlich viel weniger eindrucksvoll, wenn man sie im Freien so nahe dem Meer hörte, als wenn sie vom vornehmen Timmy in der ruhigen Abgeschlossenheit seines Privatboudoirs mit Stentorstimme geäussert wurden.

Das war natürlich ungemein fesselnd und belehrend. Immer wieder hörte ich mir während dieser Woche, in der herrliches Wetter herrschte, gespannt die gleiche Darbietung an; aber kein Sperling (nicht einmal ein abgewiesener Bewerber, der so klingen wollte, als wäre ihm die Abfuhr gleichgültig) *pfiff* jemals etwas seinen Rivalen oder seinen Freundinnen zu, auch nicht sich selbst, und niemals hörte ich den Ruf »Georgie« oder sogar »Jorgie«. Von allem, was die vergnügten, erfolgreich werbenden kleinen Spatzen, die ihre Flitterwochen am sonnenbeschienenen Kies- und Steinstrand dieses berühmten Badeortes verbrachten, zur Feier ihrer Hochzeit sangen, ähnelte nichts auch nur entfernt der Nationalhymne. Ja, die Unterhaltung dieses Völkleins kam mir bei aller Eindringlichkeit sehr begrenzt und ein wenig eintönig vor; allerdings trifft man dieses Phänomen ebenfalls bei menschlichen Liebespaaren in der ersten Blüte ihrer jungen Liebe an, wenn ihre Augen beredsamer sprechen als ihre Lippen.

Ich kehrte zu Timmy zurück, der mich wie üblich begrüsste, wenn wir auch nur einen Tag getrennt waren. Er flog fast von jedem Bild im Zimmer zu mir und bombardierte meinen Kopf und mein Gesicht von jedem möglichen Winkel aus. Das ist eine sonderbare Liebesbezeigung und Freudenkundgebung über unsere Wiedervereinigung, und es ist gewiss nicht als Strafe gedacht, und es wirkt auch nicht so, denn ich spüre dabei nur, dass ein unglaublich weiches Federbündel (in dem Schnabel und Krallen rätselhafterweise verborgen sind) immerzu an mein Gesicht stösst, bis der kleine Kerl, erschöpft von der Anstrengung und der Gemütsbewegung, plötzlich in meinem Nacken zur Ruhe kommt oder sich in meinem Bett versteckt.

6

Schauspieler, Finanzexperte
und Menschenfreund

Viele Vögel und andere Tiere können Kunststücke erlernen. Wenn sie glücklich und ungehindert sind, wenn sie geeignetes Spielzeug haben, das auf sie einen besonderen Reiz ausübt, und mit Liebe, Geduld und Verständnis dressiert werden, finden sie daran oft ebenso grosses Vergnügen wie wir selbst. Ich betone diesen Punkt, weil es auch heute noch – besonders auf dem Kontinent – viele »traurige Artisten« gibt, die ihren Beruf durch Hunger und Angst vor Strafe erlernen und zum Schluss reine Automaten werden.

In meinem Vorwort zu Anne Brittons entzükkendem Büchlein *Blackie*[19], das die wahre Geschichte einer grossartigen, tapferen Amsel erzählt, schrieb ich: »Bevor man einem Vogel Kunststücke beibringt, muss man erst herausfinden, welche Gegenstände oder welches Spielzeug er besonders liebt. Dann macht es ihm Freude, wenn ihm gelehrt wird, diese Dinge zu benutzen. Wichtig ist, dass man ihm, wenn möglich, seinen eigenen Willen lässt, anstatt ihn zu etwas zu zwingen. Vor allem muss man ihm alles ruhig, geduldig und langsam erklären, während die Dressur weitergeht.«

Selbstverständlich befolgte ich meine eigenen Anweisungen, als ich es mit meinem neuen, intelligenten und eigensinnigen Sperling zu tun hatte. Zuerst bot ich ihm eine Haarnadel an, das Lieblingsspielzeug seines Vorgängers, aber er warf sie sogleich voller Verachtung weg und drückte seine Meinung über die Haarnadel (und wahrscheinlich auch über mich) in einer Sprache aus, die für die Veröffentlichung ungeeignet ist. Dann nahm ich aus einem Set Patiencekarten das Karoas und bot es ihm als Sinnbild des Erfolges an. Er nahm die Karte ebenso eifrig an wie Clarence seinerzeit; doch da er ungeduldiger und wohl auch findiger war als dieser berühmte kleine Vogel, liess er eine Ecke der Karte auf dem Tisch liegen und arbeitete sich an der Seite, die ihm am nächsten war, mit dem Schnabel daran entlang, bis er unten anlangte. Daraufhin verlor er das Interesse an der Spielkarte, liess sie fallen und schaute sich nach einem anderen Spielzeug um. Clarence war wie die meisten Krüppel ein geduldiger und gewissenhafter kleiner Arbeiter gewesen; Timmy hingegen entpuppte sich als Opportunist, wie ich allmählich merkte.

Er hatte entschieden einen Hang zum Kaufmännischen, wie ich bald entdeckte, und er wäre wohl ein guter Börsenmakler gewesen, wenn sich ihm eine derartige Gelegenheit geboten hätte; denn beim Anblick einer glänzenden Half Crown, die ich zwischen Zeigefinger und Daumen hielt, erhellte sich sein Gesichtchen, und er versuchte, sie mir wegzuschnappen. Er nahm sie fest in den Schnabel, und bevor ich Zeit fand, ihn zu bitten, mir die Münze wiederzugeben, war er zu dem Bild über meinem Bett geflogen (das für ihn von Anfang an die »Bank« war) und hatte sie dahinter fallen gelassen. Meiner Ansicht nach war die Half Crown zu schwer für ihn; deshalb nahm ich sie ihm weg und überredete ihn nach einigem Hin und Her, sie gegen einen Sixpence einzutauschen, der nicht nur für ihn leichter zu tragen war, sondern für mich auch weniger kostspielig zu beschaffen, zumal er Geld für wohltätige Zwecke zu sammeln begann, die er sicher bald begeistert unterstützen würde.

Wie so viele Genies hatte er plötzlich seine ungeahnten Talente als Schauspieler und Finanzexperte entdeckt, und ich hielt es für richtig, dass er ermutigt werden sollte, sie zu entwickeln und anzuwenden, nicht nur zu seinem eigenen Vergnügen, sondern auch zum Wohle anderer, die weniger Glück haben. Er hatte seine Aufgabe im Leben gefunden, und diese Entdeckung begeisterte ihn so sehr, dass er auf seinen Füsschen umhertanzte, sich aufplusterte und vergnügt tschilpte, bis er erschöpft war. Ich belohnte ihn mit einem kannibalischen Festmahl aus gebratenem Hühnchen, garniert mit Erbsen, und einem Becherlein warmer Milch, in die ich zur Feier des Tages ein paar Tropfen Whisky gerührt hatte. Hierauf brachte ich ihn zu Bett, und er schlief sofort ein.

Dieses Kunststück hatte gezeigt, wie ausserordentlich begabt er war. So begann ich sogleich mit seiner Ausbildung, indem ich ihm beibrachte, mehrere andere Bilder in meinem Schlafzimmer zu erkennen, die in seinem Leben eine Rolle spielen sollten. Das bereitete keine Schwierigkeiten, und wenn ich am Schluss des Nachmittagsunterrichtes die langen blauen Samtvorhänge vor die Balkontür zog und aufs Kopfende meines Bettes ein grosses weisses Kissen aufrecht hinstellte, erkannte er darin bald die »Haltestelle für den Heimweg«. Er flog dorthin, und auf meinen Befehl, »das Gesicht der Wand zuzukehren« (durch diese Haltung wurde verhindert, dass er nach mir pickte oder Zuschauer bemerkte, die ihn abgelenkt hätten), stand er ganz still; dann legte ich meine rechte Hand leicht um seinen Körper, wobei ich den Zeigefinger auf seinem Köpfchen ruhen liess, und er sträubte sich nicht, wenn ich ihn so in seinen Käfig zurückbrachte.

Zu dieser Zeit brauchte die St Augustine's Church in Grove Park, die ich seit vielen Jahren regelmässig besuchte, dringend Geld für notwendige Reparaturen, und es kam mir plötzlich in den Sinn, dass sich die Leidenschaft meines Sperlings für das Sammeln von Sixpencemünzen dazu benutzen liesse, etwas Geld für diesen Zweck zusammenzu-

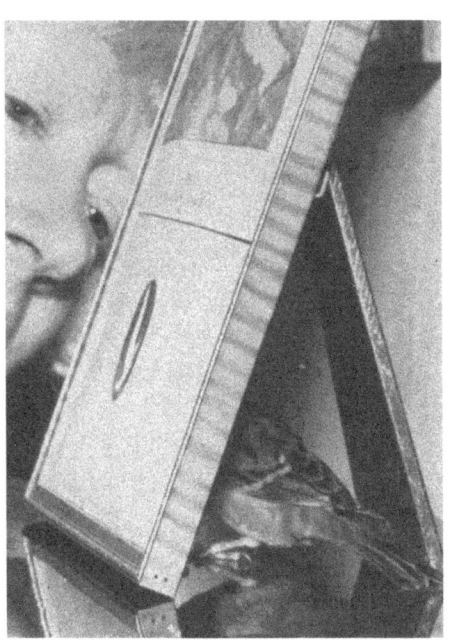

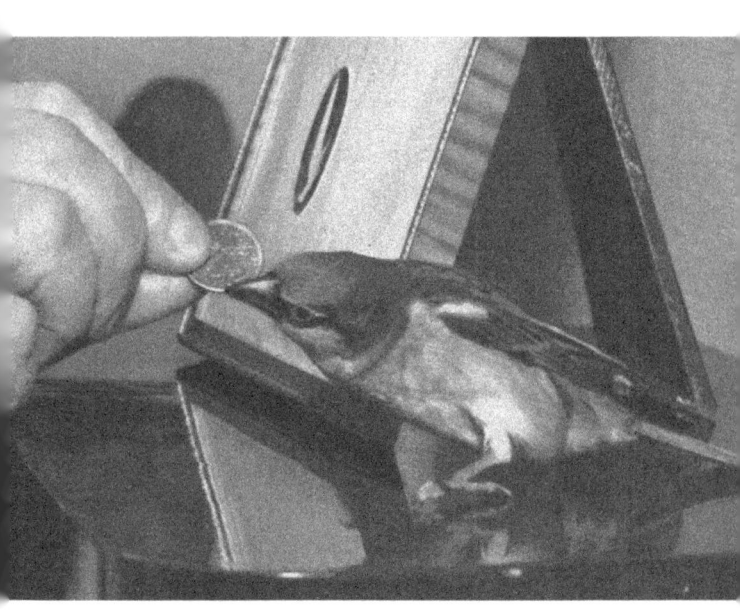

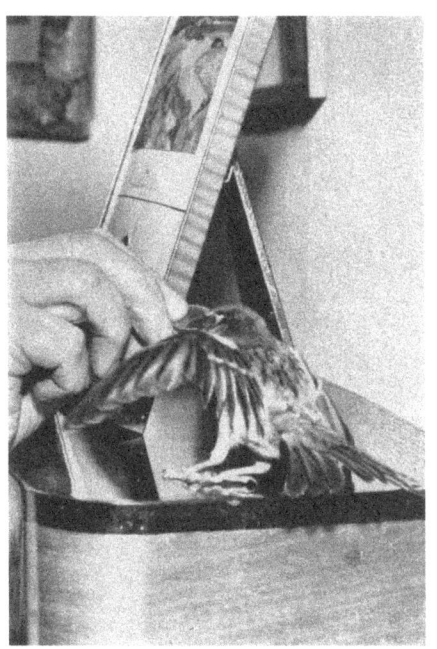

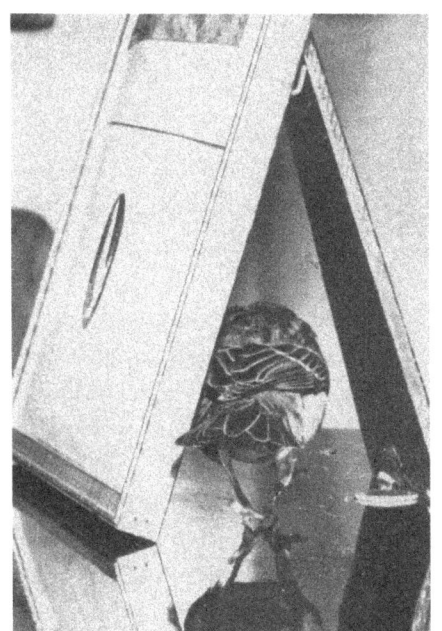

bringen. Timmy war sofort einverstanden, und ich musste ihn nur lehren, sein Lieblingsversteck – einen dunklen Schlupfwinkel hinter einer Fotografie, die auf dem Radioapparat auf einem Schränkchen stand – als »Sakristei« zu erkennen, und alles übrige war einfach. Ich musste bloss sehr streng sagen: »Geh in die Sakristei, und setz dich«, und schon lief er dorthin und wartete folgsam, bis ich mit einem Sixpence aufs Radio klopfte und sagte: »Eine Gabe für die Kirche, Timmy.« Sogleich kam er aus seinem Versteck hervor, packte die Münze fest mit dem Schnabel, und auf die Worte »Bring sie in die Sakristei, und gib sie dem Vikar« machte er kehrt, lief in die dunkle »Sakristei« zurück, wandte sich mit dem Gesicht der Wand zu und liess die Münze zu Füssen eines imaginären Pfarrers fallen. Ich glaube, in knapp einem Monat hatte er auf diese Weise fünf Pfund gesammelt (oder hätte es, wenn uns nicht die Münzen ausgegangen wären und wir dieselben nicht mehr als einmal verwendet hätten), zur Freude der Kinder, die gelobten, in Zukunft zu kleinen Vögeln immer gut zu sein, und auch der älteren Besucher, die manchmal kaum ihren Augen trauten.

Eines Tages kam Mrs. Flint, die Gattin des damaligen Vikars, zu mir zum Tee und schaute zu, wie Timmy in sehr kurzer Zeit elf Shilling und sechs Pence einsammelte, die sie als seinen persönlichen Beitrag zum Instandsetzungsfonds mitnehmen konnte. Jetzt ist Timmy mindestens neun Jahre alt – beim Menschen entspricht das dem Alter eines Siebzigjährigen –, aber seine Leidenschaft fürs Münzensammeln hat nicht nachgelassen. Er konnte der RSPCA drei Pfund abliefern, dreissig Shilling einer schottischen Kirche und verschiedene Beträge für eine Reihe anderer wohltätiger Zwecke. Als er vor kurzem unserer Kirche wieder einen beachtenswerten Beitrag leistete, besuchte ihn der gegenwärtige Vikar persönlich, schenkte ihm eine Silbermünze zur eigenen Benützung und schrieb dann im Pfarrblatt einen Artikel über ihn. Timmy selbst machte diese Gunst wahrscheinlich keinen grossen Eindruck, ihm wäre wohl ein Shortbread lieber gewesen. Aber ich eile seiner Lebensgeschichte voraus und muss zu seinen früheren Jahren mit mir zurückkehren.

7

Besuch aus dem Jenseits

Ich bin keine Spiritistin – wenngleich ich viele Freunde in dieser Gruppe von Wahrheitssuchern habe –, glaube aber unbedingt daran, dass die Geschöpfe, die wir geliebt und verloren haben, uns unter Umständen erscheinen können.

Dass sie tatsächlich vom Himmel (oder welchen Bereich auch immer sie bewohnen) herabsteigen, möchte ich bezweifeln. Vielleicht können sie unter günstigen atmosphärischen Bedingungen ein Abbild ihrer selbst, sozusagen einen fotografischen Eindruck, auf die Leinwand unseres Bewusstseins projizieren; vielleicht verfügen sie sogar über die Macht, gleichzeitig an zwei Orten zu sein.

Ich hatte schon immer Angst vor (bei Séancen oder durch die Dienste eines Mediums herbeigerufenen) Erscheinungen körperloser Geister, die böse sein *können,* obwohl sie als Freunde daherkommen. Sir Oliver Lodge[20] hat uns, so glaube ich, vor den Gefahren des Spiritualismus gewarnt. Doch wenn es sich – sehr selten – fügte, dass jene, die ich zu sehen wünschte, unter normalen Umständen unaufgefordert und also auf Geheiss Gottes oder zumindest mit Seiner Erlaubnis kamen, habe ich sie mit Freuden begrüsst.

Als Kind glaubte ich, dass Matthäus, Markus, Lukas und Johannes (oder ein anderes himmlisches Wesen, das in ihrem Namen als Babysitter fungierte) das Bett, in dem ich schlief, gesegnet hätten, und stets war es mein grösster Wunsch, meinen eigenen Schutzengel zu sehen; aber nie zeigte er sich meinen Augen. Dennoch spürte ich mehrmals nicht nur seine unsichtbare Gegenwart, sondern in Zeiten der Gefahr und Verzweiflung sogar seinen tatkräftigen Trost.

Und nun komme ich zum merkwürdigsten Teil dieser Geschichte, einem Vorfall, der so lebendig und so realistisch war, dass er unmöglich als eine Vision abgetan werden könnte. Ein Bericht darüber, den ich auf Bitten des Herausgebers von *Two Worlds*[21] verfasst hatte, erschien am 19. April 1958 unter dem Titel »Geisterhafte Wiederkehr des berühmtesten Sperlings der Welt«[22] in dieser Zeitschrift. Er lautet wie folgt:

Vorige Woche hörte ich eines Nachts, als Timmy in seinem Käfig am anderen Ende meines Schlafzimmers war, neben meinem Bett einen Vogel zwitschern, doch da im Schein meiner Taschenlampe nichts zu sehen war, gab ich der Müdigkeit nach und schlief ein.

Als ich am folgenden Morgen zur Tür ging, um in der Küche Teewasser aufzusetzen, flog ein Sperling so dicht an mir vorbei, dass seine kleinen Flügel mein Gesicht umfächelten, und ich sah ihn sehr deutlich.

Sofort dachte ich, ich hätte Timmys Käfig am Abend zuvor zugedeckt, ohne seine Tür zu schliessen, und ich lief dem fliegenden Vogel nach, falls er in den Garten entrinnen wollte. Aber jede Tür, jedes Fenster und Oberlicht im Hause war fest geschlossen und jeder Kamin versperrt, und ich atmete auf.

Der Vogel jedoch war verschwunden, und obwohl ich ihn rief, jeden Winkel meines kleinen cremefarbenen Hauses durchsuchte, war nichts von ihm zu sehen, nicht einmal eine Spur, die seine Anwesenheit bewiesen hätte.

Höchst perplex kehrte ich in mein Schlafzimmer zurück und deckte Timmys Käfig ab. Er sass auf seiner üblichen Stange; die Tür war fest verschlossen, so dass er seinen Käfig nicht verlassen haben konnte. Aber er war sehr kleinlaut und schien sich vor irgend etwas zu fürchten.

Er ist es gewöhnt, frei im Zimmer umherzufliegen und mit den Sixpence zu spielen, die er von Besuchern für wohltätige Zwecke bekommt; aber nun verlässt er seinen Käfig nur, wenn er von meiner Hand geschützt wird, und wenn er sein tägliches Bad nimmt, muss mein Finger die ganze Zeit zu seiner Beruhigung im Wasser sein.

Inzwischen hat eine Amsel das Nest bezogen, das zwanzig Jahre lang Spatzen als Heim gedient hat und aus dem Clarence, kaum aus dem Ei geschlüpft, im Jahr 1940 gefallen ist.

Ist der Besuch meines geflügelten kleinen Geistes ein

Protest, weil sein Heim von einem anderen Sperling bewohnt wird, der die Liebe und die Pflege geniesst, die einst ihm allein galten? frage ich mich. Die Antwort weiss ich nicht; aber es tröstet mich, dass er mir den Eindruck machte, gesund, glücklich und voller Leben zu sein. Ich bin neugierig, wie lange es dauern wird, bis Timmy seine Fassung wiedergewonnen hat.

Es dauerte tatsächlich fast ein Jahr, bis Timmy wieder normal wurde. Obwohl er durchaus munter und ganz unerschrocken war, vermied er es sorgfältig, sich auf einem der drei Bilder niederzulassen, die zwischen dem Kamin und der Tür hingen, das heisst dort, wo der kleine Geistervogel vorbeigeflogen war. Diese Stelle bildete den Hintergrund, auf dem er mir sichtbar geworden war. Nun aber ist Timmys Vertrauen längst wiederhergestellt, und das Bild neben der Tür ist wieder eines seiner Lieblingsplätzchen.

8

Hoher Besuch

Im Gegensatz zu seinem berühmten Vorgänger, der mit mir herumzog und während der Luftangriffe die Menschen unterhielt, verlässt Timmy nie das kleine Haus, das wir bewohnen, ausser für kurze Besuche bei meinen Freunden nebenan, wenn ich verreise, was selten geschieht.

Aber viele hervorragende Leute haben ihn hier besucht, darunter sein Verleger, der an einem herrlichen Sommernachmittag kam und dem Timmy sehr gnädig mit einer Vorstellung seiner beiden Lieblingskunststücke aufwartete.

Im Juli 1956 rief mich ein japanischer Journalist aus seinem Büro bei der *Times* an und fragte mit seiner musikalischen Stimme, ob er mich besuchen und »Shimmys« Bekanntschaft machen dürfe. Ich empfing ihn natürlich sehr gern, auch den reizenden deutschen Arzt, der ihn am folgenden Nachmittag begleitete. Nach dem Tee führte ich die beiden in Timmys Boudoir und stellte sie ihm vor. Mein Gast aus Japan kannte ihn bereits als den »Nachfolger von Clarence«, dessen Lebensgeschichte vor kurzem mit vielen Illustrationen in *Asahi,* einer Wochenzeitschrift mit über fünf Millionen Abonnenten, erschienen war.

Der Besuch dieser beiden interessanten und charmanten Menschen fand zu einer sehr günstigen Zeit statt, denn Timmy hatte gerade vom Oberpriester des Zensho-ji-Tempels in Kobe, Japan, ein sehr interessantes Geschenk erhalten. Es waren zwei geheiligte Kürbisflaschen, die im berühmten »Sperlingshaus« dieses historischen Tempels gehangen hatten, einem Heiligtum, in dem Spatzen seit Generationen Nester gebaut und ihre Jungen in Glück und Sicherheit aufgezogen hatten.

Die Kürbisflaschen waren bereits ausgepackt und Timmy stolz dargeboten worden, aber ach, bei ihrem Anblick war er vor Schrecken so hysterisch geworden, dass ich mich gezwungen sah, sie im dunkelsten Winkel seines Zimmers hoch oben an der Bilderleiste aufzuhängen, wo er sie meistens nicht gewahrte. Da meine Besucher zweifellos zu sehen erwarteten, dass mein Vogel dieses interessante und ungewöhnliche Geschenk zu würdigen und zu schätzen wusste, tat ich das einzige, was mir unter den gegebenen Umständen übrigblieb. Ich zog die Vorhänge zu, um das Zimmer zu verdunkeln, sprach mit ihm sehr ernst über die Sache und sagte ihm, er dürfe mich und seine Heimat bei dieser sehr wichtigen Gelegenheit auf keinen Fall im Stich lassen.

Sowohl in Märchen als auch in wahren Geschichten ist schon viel darüber geschrieben worden, dass bestimmte Menschen die Gabe haben, die Sprache

Der Oberpriester des Zensho-ji-Tempels in Kobe wählt im
»Sperlingshaus« zwei Kürbisflaschen für Timmy aus

Timmy mit der japanischen Kürbisflasche

der Vögel zu beherrschen; aber meiner Erfahrung nach ist diese Leistung gar nicht notwendig, da Vögel, wie so viele andere Tiere auch, erstaunlich schnell unsere Sprache verstehen. Timmy bildete keine Ausnahme, und so stolz er auch war, war er im Grunde treu, und irgendwie fühlte ich mich sicher, dass er mein Vertrauen zu ihm nicht enttäuschen würde. Und tatsächlich: Als die Stunde schlug, leistete er Folge. Er stand abwartend neben seiner Badewanne auf dem Büchergestell beim Schlafzimmerfenster, während mein Gast aus Japan ihn aus einiger Entfernung betrachtete und seine Kamera zückte, um diesen historischen Augenblick festzuhalten, und ich die Kürbisflaschen mit zitternder Hand aus ihrem Versteck holte. Timmy rührte sich nicht, und sein Gemüt blieb unerschüttert, als ich ihm diese ungewohnten Gegenstände hinhielt; er liess sich sogar dazu herab, ein gewisses gönnerhaftes Interesse für sie zu zeigen, wobei er jedoch nicht so weit ging, sie näher zu untersuchen und festzustellen, wofür sie gedacht sein mochten. Er gestattete mehrere Aufnahmen, und dabei äugte er mit ernstem, würdevollem Ausdruck auf seinem undurchdringlichen Gesichtchen in die Kürbisflaschen.

Später, nachdem seine Besucher gegangen waren, die ihn nicht nur mit den Kürbisflaschen, sondern auch in seinem selbstgewählten Nest in meinem Mantel fotografiert hatten, kehrte seine Angst vor diesen seltsamen Gegenständen aus Japan zurück. Ich tat sie wieder in den dunklen Winkel, wo sie seither als interessante und kostbare Geschenke aus einem fernen Lande hängen, und soviel ich weiss, hat mein Sperling sie seit jenem Tage überhaupt nicht mehr beachtet.

Er war eben, wie ich bereits erwähnte, ein englischer Gentleman der alten Schule, und bei dieser Gelegenheit hielt er die Tradition der Toleranz und Höflichkeit hoch, und vielleicht wird er sich eines Tages wie Clarence den Titel »Kleiner britischer Botschafter des guten Willens« verdienen.

9

Phantastische Romanze

Oft werde ich gefragt, wann meine Liebe zu den Sperlingen eigentlich anfing, worauf ich nur antworten kann, dass ich sie meines Wissens schon immer geliebt habe – wenigstens seit ich als einsames kleines Kind in dem grossen Garten des Landhauses in Shropshire, wo ich geboren bin, mit ihnen spielte und sprach. Schon damals schienen wir einander zu verstehen, und einige Jahre lang waren sie meine einzigen wirklichen Gefährten.

So kluge Geschöpfchen sind sie, dass die Spatzenherren das Licht der Begeisterung in meinen Augen nie als persönliche Liebeserklärung missdeutet haben – obwohl es in ihrem besonderen Falle genau das ist. Ich bin tatsächlich ganz schamlos in der unverblümten Weise, wie ich diesen kleinen Geschöpfen den Hof mache und mich ihnen zu Füssen werfe; und da sie Opportunisten sind, antworten sie auf meine Anträge gewöhnlich ohne Zögern.

Was nun die beiden hochintelligenten Sperlinge betrifft, die bei mir zu Hause waren und mit mir auf sehr vertrautem Fusse lebten, so betrachtete mich Clarence, der seine Eltern nie gesehen hatte, immer mit Sohnesliebe. Wenn ihm aber vorwitzige Damen seiner eigenen Spezies Anträge machten, entwickelte er einen Ödipuskomplex und machte mir Jahr um Jahr den Hof, bis er in hohem Alter infolge eines Schlages kein Sexualbewusstsein mehr hatte und wieder das redliche und anhängliche Muttersöhnchen wurde.

Timmy unterschied sich auf merkwürdige und unerwartete Weise von seinem berühmten Vorgänger. Nachdem er zu meiner Überraschung meiner rechten Hand entschlossen und dramatisch den Hof gemacht hatte – er stolzierte darauf mit gesträubtem Schopf und geöffnetem Schnabel an genau derselben Stelle und mit dem gleichen realistischen und befriedigenden Höhepunkt, wie ich ihn in meiner Biographie von Clarence aufgezeichnet hatte –, begann er einen Platz zu suchen, wo er sich ein geheimes Nest bauen konnte.

Zuerst zeigte er beträchtliches Interesse für das oberste Bord der Garderobe, doch da es für seinen Zweck sehr ungeeignet und recht gefährlich war, wurde es für ausserhalb der erlaubten Grenzen erklärt. Danach bearbeitete er fieberhaft die Bilderschnüre, die er zweifellos als vortreffliches Material für die Auspolsterung und Verstärkung eines Nestes betrachtete, wenn er sie denn nur lösen und entwirren könnte – da sie aber hartnäckig an den Wandbildern festsassen, sah er wohl ein, dass die Arbeit allzulange dauern und mit einem verletzten Schnabel enden könnte, und so gab er diesen Plan zu meiner grossen Erleichterung auf.

Er wurde ruhelos und unzufrieden, und das betrübte mich so sehr, dass ich mich allmählich fragte, ob das Kerlchen in einem Vogelhaus vielleicht nicht doch glücklicher wäre. Dann fand er plötzlich auf echte Spatzenart eine glänzende Lösung für sein Hauptproblem.

Es war im Frühsommer 1958. Ich stand in dem dunklen Winkel, wo er nachts immer schlief, und bürstete sorgsam den Ärmel einer neuen und sehr kostspieligen Wildlederjacke aus, als er unversehens auf mich zuflog und sich leicht schwankend auf den Rand der Manschette setzte.

Die meisten Menschen hätten ihn sicher weggescheucht; aber da ich durch lange Erfahrung und Beobachtung gelernt habe, dass ein wildlebender Vogel (zumindest ein kleiner, aber ausgewachsener Vertreter der meisten Arten) nie etwas ohne Grund tut, es sei denn, er wäre von panischer Angst gepackt, blieb ich ganz still stehen und wartete ab.

Timmy sah mich schräg von der Seite an, und ich lächelte, während ich ihm in die Augen blickte. Dann schlüpfte er plötzlich mit einem kleinen Freudenschrei anmutig in die Manschette, und nachdem er sich das Futter zurechtgezupft und es mit Drehungen und Wendungen weich und glatt gemacht hatte, setzte er sich ohne weitere Erklärung hin. *Endlich* hatte er das langgesuchte Nest gefunden; er war glücklich und restlos zufrieden.

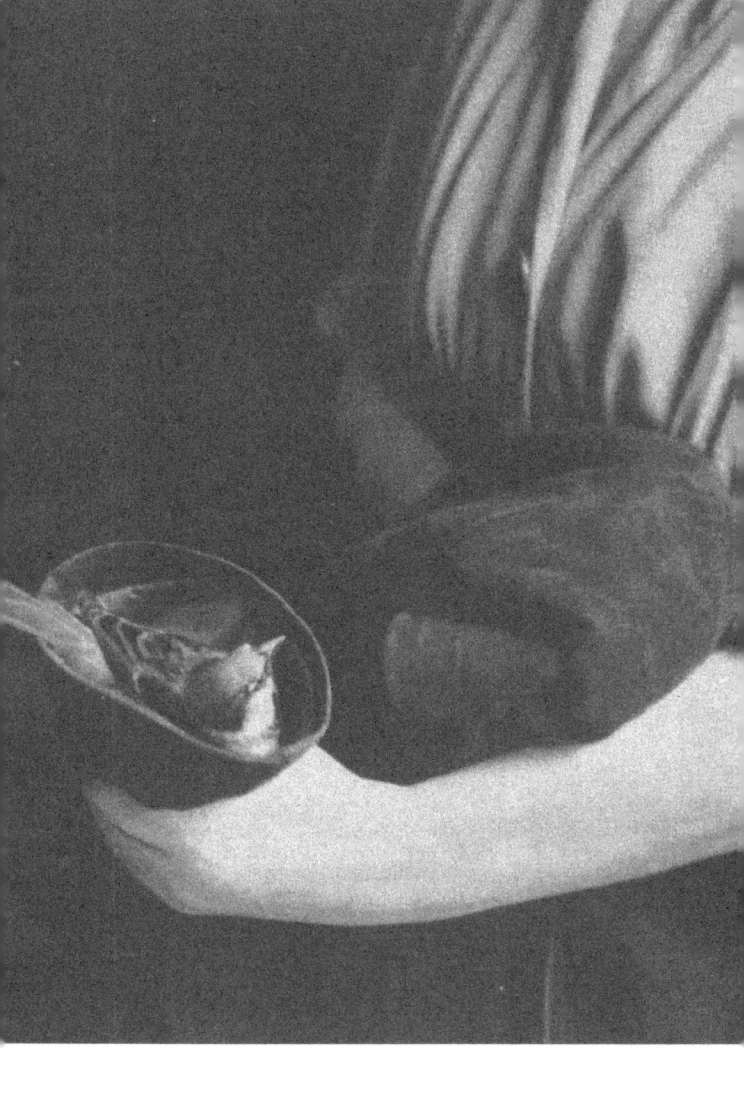

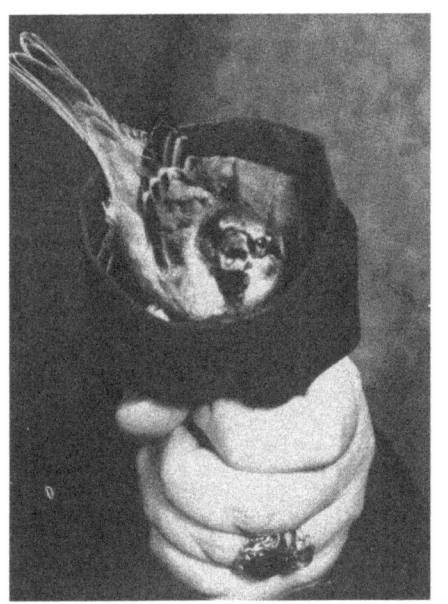

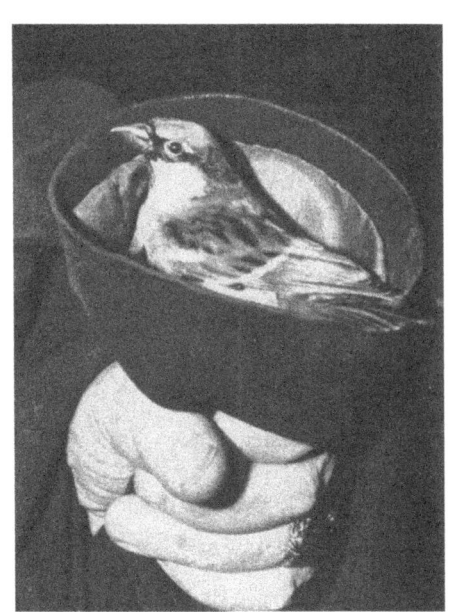

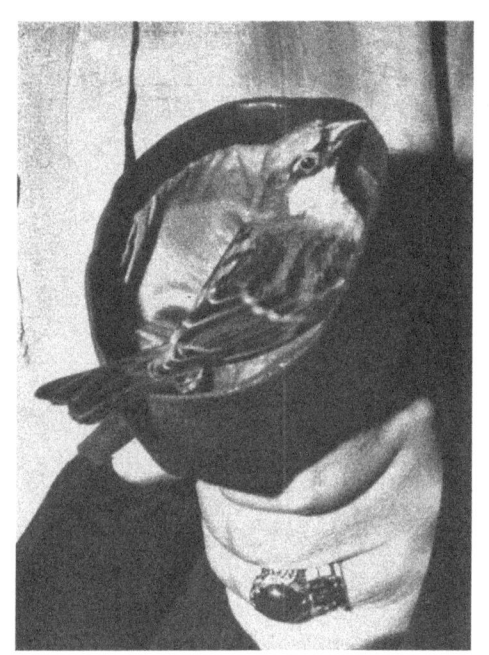

Ich stand stumm und verwundert und betrachtete ihn, bis ich so verkrampft und steif war, dass ich mich gezwungen sah, mich so behutsam wie möglich auf einen Stuhl zu setzen, um ihn ja nicht zu stören. Sogleich entflatterte er und kehrte, offenbar enttäuscht, zu seinem Lieblingsbild zurück, wo er schweigend vor sich hin grübelte.

Als ich aufstand, war er im Nu wieder in seinem Nest (wohl um imaginäre Eier auszubrüten), wo er mit verträumten Augen und voller Glückseligkeit sass. Ich bewegte mich und schwankte ein wenig; doch das schien er nicht zu bemerken, also blieb ich stehen, bis ich mich schliesslich aus reiner Erschöpfung doch wieder setzte, worauf er mit einem Zornesschrei wegflog.

Auf einmal begriff ich. Natürlich war ich ein Baum, der Baum, den er für sein Nest ausgesucht hatte! Ganz offensichtlich war ich auch der Geist, der dem Baum innewohnte und den kleinen Vogel beschützen würde – eine Art ehrenamtliche Dryade (oder *Entfrau,* woran mich C. S. Lewis und Tolkien gemahnten). Ich durfte mich beugen oder schwanken, wie Bäume es tun, wenn der Wind bläst, aber noch nie ist ein Baum gesehen worden, höchstens im Traum, der sich hinsetzen oder weggehen kann.

Von diesem Tage an hat mein kleiner Sperling (mit Ausnahme einer längeren Unterbrechung, auf die ich noch zu sprechen kommen werde) im Frühling, Sommer, Herbst und Winter *mindestens* eine halbe Stunde am Stück seine langmütige Baumhüterin gehabt, die geduldig das Nest in dem dunklen Winkel hielt. Mit der Zeit, nachdem wir lange darüber gesprochen hatten, liess Timmy zu, dass meine Nachbarin, Mrs. Hillyard, mich manchmal ablöste, und schliesslich erlaubte er bevorzugten Freunden und sogar auch Fremden, sein Nest zu halten, solange ich in der Nähe war.

Einmal rief ich über seinem Kopf unvermittelt: »Kuckuck.« Er schrak zusammen und äugte in die Höhe, gewann aber seine Fassung gleich wieder. Ich versuchte ihn zu füttern, und er nahm die Nahrung wie ein brütender Vogel von seinem Gefährten an. Ich bückte mich (wie ein Baum bei starkem Wind) und drückte einen leichten Kuss auf sein Köpfchen – und ich zupfte mit den Zähnen sogar behutsam seinen Schwanz (was ein Baum nicht zu tun pflegt) –, aber er blieb ganz still sitzen und äusserte sich nicht weiter dazu, bei anderen Personen duldete er derartige Freiheiten allerdings nie.

Dann ging ich doch zu weit, indem ich ihm ein Sperlingsei ins Nest legte. Darüber war er *empört;* er lehnte die Verantwortung für eine derartige Unsittlichkeit ab, flog zornig weg und versteckte sich in meinem Bett. Aber da sich Sperlinge fürs ganze Leben verbinden, einander sehr treu sind und leicht verzeihen, siegte seine bessere Natur; er kehrte einige Zeit später zurück, schaute mich wieder liebevoll an, und ich merkte, dass mir vergeben worden war. Zum erstenmal in meinem Leben war ich einer Scheidung nahe gewesen. Aber man lernt durch Erfahrung, und »Erfahrung bleibt des Lebens Meisterin«.

All das klingt phantastisch. Aber kann irgendein Wissenschaftler, irgendein Ornithologe mit dem logischsten Denken eine bessere Erklärung oder Deutung für das aussergewöhnliche Verhalten dieses kleinen Vogels finden? Bestimmt hatte mein Sperling eine poetische, schöpferische Vorstellungskraft, die es sogar mit der des verstorbenen Walter de la Mare aufnehmen konnte – den er, wie Clarence vor ihm, mit Stolz zu seinen persönlichen Freunden gezählt hätte.

Zu den Gründen, warum er gerade die Manschette dieser Jacke für sein Nest auswählte und alle anderen Möglichkeiten ablehnte, gehört meiner Ansicht nach die Tatsache, dass sie ihm als vorzügliche Tarnung diente. Das weiche, dunkle Schokoladebraun und die helle graugrüne Farbe des Seidenfutters hätten ihn den Augen eines Falken entzogen, auch einer beutegierigen Katze; seine Feinde hätten ihn höchstens ganz aus der Nähe wahrgenommen.

Ich kann nur über die Klugheit, Einbildungskraft und das Wahrnehmungsvermögen dieses kleinen Geschöpfes staunen. Kein Wunder, dass diese Vogelart in so grosser Zahl überlebt hat, dass man sie den Haussperling nennt. Und kein Wunder, dass Abraham Lincoln einmal gesagt hat: »Gott muss das gewöhnliche Volk sehr lieben, da Er es in so grosser Zahl geschaffen hat.«

Seltsamerweise war es einer meiner frühesten Träume, mich davonzustehlen und mit einem wildlebenden kleinen Vogel das Nest zu teilen. Sicher ist kein phantastischerer Kindheitstraum jemals Wirklichkeit geworden!

10

John und Jamie – ein Zwischenspiel

Gegen Ende Juni 1959 wurde ich eines Morgens von einem Freund angerufen, der mir die traurige Neuigkeit mitteilte, dass ein Nest mit jungen Sperlingen von einer Katze überfallen worden sei und dass nur zwei diesen Raubzug überlebt hätten. Da dieser gute Mann selbst eine Katze besass, hatte er die kleinen Vögel in einen Käfig getan und den Käfig hoch an der Wand aufgehängt. Vierzehn Tage lang hatte er die kleinen Spatzen mit Brot und Wasser ernährt, wobei sie zu gedeihen schienen. Aber er wagte nicht, sie in seiner Gegend freizusetzen, deshalb wolle er sie mir bringen, in einer Stunde werde er bei mir sein.

Ich hatte gar keine Lust, sie bei mir aufzunehmen. Ausser Küche und Badezimmer habe ich nur drei Räume in meinem kleinen Haus, und das eine Zimmer teilte Timmy schon mit mir, so wie Clarence es vor ihm getan hatte. Ich fand es keineswegs wünschenswert, auf Dauer (oder auch nur vorübergehend) noch zwei Sperlinge zu haben, die in meinem kleinen Schlafzimmer fliegen lernen mussten, selbst wenn am Tage nur eine Übungsstunde abgehalten wurde. Mein eigener Spatzengefährte, der das Schlafzimmer bewohnte und sich als dessen

Eigentümer betrachtete, war zwar auf seine herablassende Weise recht folgsam geworden, aber er war ein temperamentvoller und besitzergreifender Vogel; ich befürchtete, dass er das Eindringen der kleinen Fremden übelnehmen und sie in einem Anfall von Eifersucht sogar töten könnte.

Es gab jedoch kein Entrinnen, und als der kleine Käfig mit den winzigen Insassen ankam, stellte ich ihn auf das Büchergestell beim Fenster und deckte ihn zu, um ihn Timmys Blicken zu entziehen. Dann hielt ich meinem geliebten Gefährten eine lange Rede und erklärte ihm in dem ruhigen, vertraulichen Ton, den er immer zu verstehen schien, die ganze Lage, bevor ich den Käfig abdeckte.

Im Beisein Fremder benahm er sich natürlich sehr vornehm und würdevoll, wie er erst kürzlich bewiesen hatte. Ich stelle mir vor, dass er die Eindringlinge mit Verachtung betrachtete, mich selbst aber mit Enttäuschung und einem gewissen Mitleid; doch er behielt seine Gefühle für sich. Nachdem er sie in gespannter Stille einige Minuten beäugt hatte, stirnrunzelnd, wie mir schien, wandte er sich ab, und solange sie in meinem Hause blieben, behandelte er sie wie Luft und mich wie ein Geschöpf, dem er früher als einem Freund vertraut hatte und das er jetzt als Dienerin duldete. In meiner Gegenwart schenkte er den Gästen nie mehr die geringste Beachtung, und nachdem ich ihn durchs Fenster heimlich beobachtet hatte, während er frei im Zimmer herumflog, dünkte es mich durchaus ungefährlich, ihm dieses Vergnügen zu lassen, solange sie in ihrem Käfig blieben.

Für die kleinen Vögel jedoch war es ein eingeengtes Dasein. Ich hegte zwar die Absicht, sie so bald wie möglich freizusetzen, aber vorläufig mussten sie sich mit einem geräumigen Käfig zufriedengeben, in dem sie die Flügel ausbreiten und fliegen lernen konnten. Der Platz genügte auch, ihnen das Futter in verschiedenen Näpfen vorzusetzen, so dass keiner von beiden zu kurz kam. Timmy, der fraglos jede Bewegung beobachtete, sass stumm grübelnd auf seinem luftigen Sitz über dem Toilettentisch und äusserte sich in keiner Weise. Von mir war er zweifellos tief enttäuscht; wenn ich ihm einen leckeren Bissen mit der Hand reichte, nahm er ihn zwar immer noch an, aber er entfernte sich sofort damit und verzehrte ihn schweigend und allein. Ich kann mit Fug und Recht behaupten, dass er während der drei Wochen, die zwischen der Ankunft und dem Weggang der kleinen Gäste lagen, keine einzige Note sang, auch sonst keinen Ton äusserte, ausser dass er mich manchmal zornig schalt, während er finster über meine Untreue brütete. Die Wildlederjacke, die ihm drei Jahre lang sommers wie winters so viele glückliche Stunden bereitet hatte, hing in seinem dunklen Schlafwinkel schlaff am Stuhl; nachts bedeckte sie immer noch seinen Käfig, aber tagsüber blieb sie unbeachtet, und das heissgeliebte Nest in der Manschette wurde überhaupt nicht mehr benutzt.

Was die beiden Waisen anbelangt, so waren sie in Aussehen und Temperament auffallend verschieden, obwohl sie von denselben Eltern abstammten und im selben Nest aufgewachsen waren. Zuerst hielt ich sie für Bruder und Schwester und taufte sie John und Janey; doch als ich bei näherer Bekanntschaft nach einer Woche an beiden Kehlen die sehr schwachen Konturen der dunklen Federn bemerkte, die das männliche Kennzeichen des ausgewachsenen Sperlings sind, wurden sie John und Jamie.

John war ein Rebell, ein habgieriger, selbstsüchtiger, übellauniger Spatz mit kleinen Augen und niederträchtigem, gewöhnlichem Gesicht. Mich mochte er gar nicht (was ich ihm kaum übelnehmen kann), und er verabscheute alles und jedes rings um ihn ausser seiner Nahrung. Jamie hingegen war der schönste junge Spatz, den ich jemals gesehen habe. Er hatte einen wunderschönen Kopf mit grossen, ausdrucksvollen Augen. Vor mir hatte er keine Angst, und ich glaube, aus Jamie hätte ich etwas Prachtvolles machen können, wenn ich ihn behalten und seinen Bruder freigesetzt hätte; aber ich bin, wie ich schon so oft erklärt habe, nicht dafür, freiheitsgewohnte Vögel in Gefangenschaft zu halten, wo sie ihr natürliches Leben nicht führen können. Deshalb war ich sehr darauf bedacht, diesen kleinen Spatz nicht an mich zu fesseln; ich wollte verhindern, dass er mich so liebgewann oder auch nur so zahm wurde, dass es gefährlich gewesen wäre, ihn freizusetzen. Jedenfalls schubste John seinen Bruder beim geringsten Zeichen der Freundschaft zwischen mir und Jamie von der Stange, und deshalb bedachte ich beide mit sehr wenig persönlicher Aufmerksamkeit, und sie verliessen ihren Käfig erst an dem Tage, wo ich sie freisetzte.

Doch das Futter, das sie erhielten, genossen sie aus vollem Herzen; sie gediehen bei der abwechslungsreichen und besonderen Diät zusehends, und vierzehn Tage später hatten sie sich zu so prächtigen kleinen Vögeln entwickelt, dass ich Senior Inspector Geoffrey Blaylock, RSPCA-Officer für Bromley, Kent (den Nachfolger von Eric Coles, der inzwischen pensioniert worden war), um Rat fragte, ob ich sie freisetzen könne. Er kam sofort, betrachtete sie sehr genau und sagte: »Behalten Sie sie noch eine Woche hier, und bringen Sie sie dann zum Kelsey Park in Beckenham. Das ist ein Vogelschutzgebiet, und dort ist ein Teich, wo sie baden können. Die Vögel werden von den Leuten regelmässig gefüttert, *und es gibt dort keine Katzen.*«

Das war für mich in der Tat neu. Eine Woche später setzte ich sie wieder in ihren kleinen Käfig, und Mrs. Joan Philips, eine Freundin, die allen Tieren eine wahre barmherzige Samariterin ist, fuhr uns zum Kelsey Park. Wir liessen den Wagen beim

Tor stehen und trugen den zugedeckten Käfig über den Weg zwischen den Blumenbeeten zum Teich, wo lauter Vögel (grösstenteils Spatzen) von Besuchern gefüttert wurden und ihr Leben sichtlich genossen. Wir hielten es jedoch für klüger, noch etwas weiter zu gehen, um einen ruhigen Fleck zu suchen, wo sich unsere beiden kleinen Brüder an einem Platz ihrer Wahl niederlassen konnten, der abgelegen und doch in Sicht- und Hörweite des Wassers und der Nahrung war, mit der sie weiterhin reichlich versorgt werden sollten.

Kurz darauf kamen wir zu einer zerzausten, aber immer noch prächtigen alten Libanonzeder, die majestätisch neben einer Trauerweide auf der dem Teich abgewandten Seite des Weges stand, deren lange Zweige bis zum Boden hingen und so allen kleinen Geschöpfen, die vielleicht scheu waren und allein zu sein wünschten, Schutz und Abgeschlossenheit boten. Unter den schützenden Zweigen wuchs natürlich kein Gras, doch wir sahen sofort, dass die graubraune Erde unseren kleinen Freunden eine vortreffliche Tarnung sein würde. Und nachdem wir uns umgeblickt hatten, um uns zu vergewissern, dass keine neugierigen Augen uns sehen konnten, knieten wir mit einem stummen Gebet zum heiligen Franziskus um seinen Schutz für diese Tierchen nieder, und ich machte die Käfigtür auf.

Wieder sollte uns die Klugheit der Sperlinge, die ihr zahlreiches Vorhandensein überall auf der

Welt sicherlich erklärt, überraschen. Sie machten gar keinen Versuch zu fliegen, und das beängstigte uns so sehr, dass wir, ohne uns zu erheben, die Hände ausstreckten, um sie einzufangen und für weitere acht oder vierzehn Tage in die Sicherheit zurückzubringen. Aber darüber hatten sie ihre eigenen Gedanken, und ohne Hast, doch behende und anmutig wichen sie unseren Fingern aus. Zusammen trippelten sie weg und fanden unter den schützenden Zweigen des grossen Baumes für sich einen stillen Schlupfwinkel.

Dort standen sie uns gegenüber – Seite an Seite, wie es sich für Brüder bei einem so grossen Abenteuer gehört –, zwei winzige Gestalten, im weichen Licht, das durch die Äste sickerte, voneinander nicht zu unterscheiden. Offenbar warteten sie auf unseren Weggang, da sie uns nicht mehr brauchte.

Wir versorgten sie noch mit Nahrungsvorräten, die wir etwas versteckten und die für mehrere Tage reichten, und waren überzeugt, dass sie bald das frische Wasser entdecken würden, das ganz in der Nähe hörbar im Teich plätscherte. Wir sagten ihnen Lebewohl und kehrten ihnen den Rücken. Als wir gleich darauf zurückschauten, sahen wir, dass sie sich unter dem schützenden Gewölbe ein wenig hervorgewagt hatten. Ein anderer hätte sie kaum bemerkt, aber für uns waren sie deutlich sichtbar, wie sie dort standen, immer noch nebeneinander, als ob sie unseren Weggang beobachteten. Das war einer der unvergesslichsten Anblicke, die ich je erlebt habe, und wenn sie uns zum Abschied zugewinkt hätten, wäre ich kaum erstaunt gewesen.

Früh am folgenden Morgen besuchte meine Freundin sie erneut, und da waren sie immer noch dicht beisammen in ihrem Schlupfwinkel, anscheinend wohl und sehr glücklich. Sie versenkte ein Gefäss mit frischem Wasser für ihren Privatgebrauch in den Boden (obwohl sie es eigentlich nicht benötigten) und versorgte sie abermals mit einem üppigen, aber gutversteckten Vorrat an Futter. Dann verliess sie die kleinen Spatzen ruhigen Herzens, und auf dem Heimweg kam sie bei mir vorbei, um mir mitzuteilen, dass alles in bester Ordnung sei. So endete, wenigstens für uns, die Geschichte von John und Jamie und dem Idyll im Kelsey Park.

Was Timmy betrifft, so erwartete er mich bei meiner Rückkehr am vorhergehenden Tage, und mit der Grossmut, die ich ihm immer zugetraut hatte, flog er ohne ein Wort des Vorwurfs zu mir und vergab mir alles Vergangene. Jetzt war ich wieder sein Freund, sein schützender Baum und seine Gefährtin bei allen Erlebnissen. Als ich in dem vertrauten dunklen Winkel stand und die Manschette meiner alten Wildlederjacke in der rechten Hand hielt, blickte ich von neuem in die Augen eines sehr glücklichen kleinen Vogels.

11

Liebesgeschichte mit Diana

Vielleicht waren Timmys natürliche Instinkte durch die jungen Spatzen doch angeregt worden, obwohl er ihnen gar kein Interesse bezeigt hatte, denn kurz danach geschah es, dass er seine einzige Liebesgeschichte (soviel ich weiss) mit einem Weibchen seiner eigenen Art erlebte.

Das kleine Zimmer, das ich immer mit meinen Vögeln geteilt habe, hat zwei Balkontüren, die auf das abgeschlossene Gärtchen hinter meinem Haus führen. Bei der einen, dem sogenannten Vogelbadezimmer, steht der bereits erwähnte grosse irdene Blumentopf-Untersatz. Hier nimmt Timmy im Winter gewöhnlich drei- oder viermal am Tag sein Bad, im Sommer vielleicht zehn- bis zwölfmal; ausserdem geniesst er es, sehr häufig im Sand auf dem Boden seines Käfigs ein Trockenbad zu nehmen. Der Haussperling gehört nämlich, wenigstens in der Gefangenschaft, zu den saubersten Vögeln der Welt.

Die zweite Balkontür ist meistens mit einem blauen Samtvorhang abgeschirmt, um zu verhindern, dass sich die vielen Katzen der Umgebung die Nase an der Scheibe platt drücken; denn wie ich hegen sie natürlich eine Leidenschaft, Vögel zu beobachten. Dieser Vorhang ist jedoch fünfzehn

Zentimeter zu kurz, so dass unten am Fenster ein Spalt bleibt, durch den mein kleiner Freund in die grosse Aussenwelt hinausblicken kann. Merkwürdigerweise schien er sich dieses Vorteils gar nicht bewusst zu sein, bis er im Sommer 1960 ganz plötzlich das Interesse an seinem Manschettennest verlor und sich wegstahl, um stumm und sehnsüchtig durch das Zauberfenster zu spähen, das er offenbar erst jetzt entdeckt hatte.

Das fand ich so interessant, dass ich beschloss, ihn heimlich zu beobachten. Ich schlich durch die Hintertür hinaus und sass halbverborgen und regungslos bei einer Hagedornhecke, um festzustellen, was da vor sich ging. Wie erwartet dauerte es nicht lange, da gab es ein Geflatter kleiner Flügel draussen vor der Fensterscheibe, und ich sah eine niedliche Sperlingsdame (die ich romantisch Diana taufte, da sie eindeutig eine schöne Jägerin war) sehr nahe bei dem Fenster stehen, wo Timmy nach ihr ausgeschaut hatte. Zweifellos wechselten sie einige sehr süsse und zärtliche Worte, während sie einander in die Augen blickten.

Es lag klar zutage, dass die junge Dame, die wahrscheinlich ungefähr ein Jahr alt war, ihm zu gefallen suchte und dass er von ihr gefesselt war. Das war keineswegs verwunderlich, im Gegenteil, es hatte mich immer erstaunt, dass ein so mutiger, schöner, farbenprächtiger kleiner Kavalier nicht wie weiland sein viel weniger hübscher Vorgänger von Verehrerinnen belagert wurde. Vermutlich lässt sich dies damit erklären, dass Clarence – in seinen Jugendjahren, als sein deformierter Flügel über dem Rücken hervorragte und ganz unabhängig vom anderen, der an der Seite liegenblieb, ziellos flatterte – sozusagen eine Zirkusabnormität gewesen war und seine zahlreichen Besucher aus reiner Neugier gekommen waren. In Timmys Fall konnte man die Vernarrtheit des Spatzenfräuleins vielleicht zu einem gewissen Grade dadurch erklären, dass seine farbenkräftigen Hals- und Brustfedern im Sonnenschein wie poliertes Gold glänzten. (Mr. Jenkinson Richardson, der Tierarzt, vermutete, dass dies zum Teil darauf zurückzuführen sein könnte, weil er mit seiner Nahrung täglich Eidotter erhielt.)

Wie man sich wohl vorstellen kann, bildete diese neue Entwicklung im Leben meines kleinen Gefährten für mich eine Quelle grosser Sorge. Wie ich immer sagte – und ich kann es gar nicht oft genug wiederholen –, bin ich dagegen, Vögeln die Freiheit zu rauben und sie in einem Käfig zu halten, wo sie sich keines normalen Lebens erfreuen können. Wenn Timmy ein junger Vogel gewesen wäre und ich die Überzeugung gehabt hätte, dass er sein wahres Glück nur im natürlichen Dasein unter seinesgleichen finden könnte, hätte ich ihn freigelassen und ihm wenigstens Gelegenheit gegeben, zwischen seiner Treue zu mir und seiner Zuneigung zu der neuen Freundin zu wählen.

Aber neuneinhalb Jahre sind ein beträchtliches Alter für einen Sperling, und selbst wenn es ihm vergönnt gewesen wäre, einen glückseligen Sommer zu verbringen, so wäre ihm im kalten Winter der Tod ziemlich gewiss gewesen, oder er wäre das Opfer einer Katze oder eines anderen Raubtiers geworden. Ich war sogar bereit, wie ich ihm erklärte, ihm ein Vogelhaus zu kaufen – aber wie konnte ich seine liebe Diana überreden, ihre Freiheit aufzugeben und bei ihm einzuziehen? Und würde sie wohl glücklich werden, wenn es mir gelänge?

Das war entschieden ein schwerwiegendes Problem, und ich verbrachte viele Stunden damit, von meinem Versteck im Garten aus geduldig zu beobachten und dahinterzukommen, wie tief die Bindung zwischen den beiden eigentlich war. Dann aber kühlte die Leidenschaft der jungen Dame auf einmal ab – bestimmt nicht durch meine Schuld –, ihre Besuche wurden seltener und hörten schliesslich ganz auf. Zu meiner Überraschung und Erleichterung kehrte ihr verlassener Liebster aus eigenen Stücken zu seinem Nest in meiner Jackenmanschette zurück, und er schien wieder so glücklich und zufrieden wie früher zu sein.

Aber die Liebesgeschichte hatte ihm grossen Eindruck gemacht und ihm bewiesen, dass er, obwohl jetzt ein älterer Herr, der die Blüte seiner Jahre längst hinter sich hatte, dem anderen Geschlecht immer noch reizvoll erschien, und das

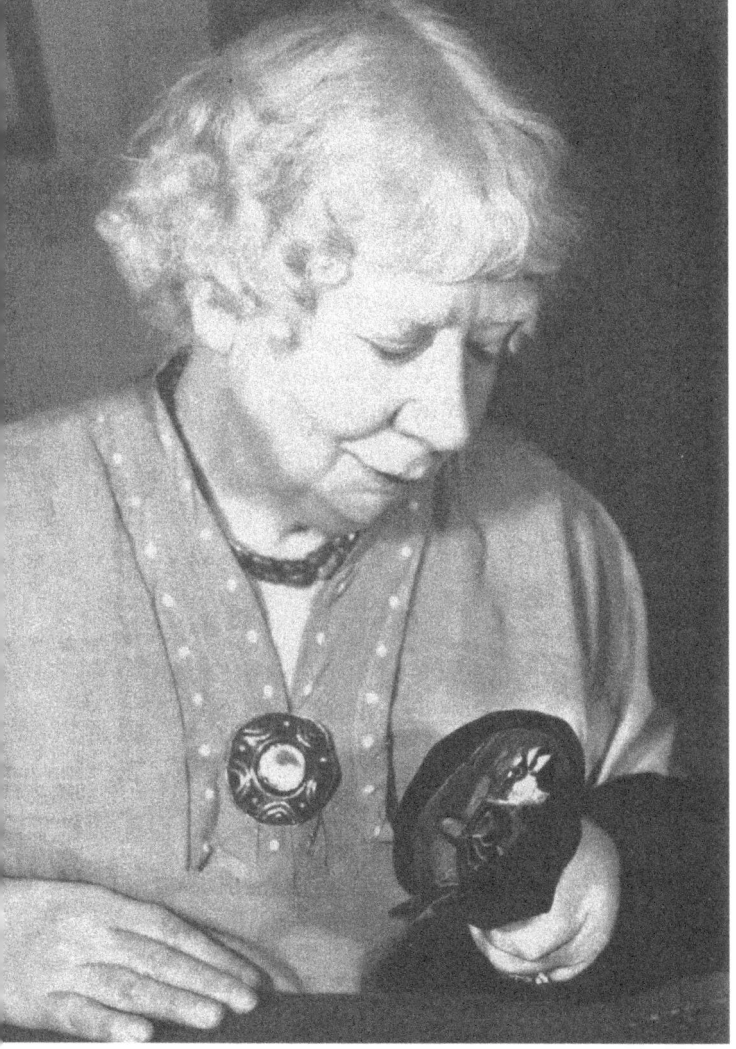

fand er zweifellos sehr anregend. Er sah verjüngt aus und machte mit grosser Schnelligkeit sehenswerte Rundflüge im Zimmer. Ungefähr zu dieser Zeit übte er sich auch wieder im Rennen über die glatte Oberfläche des Radiogeräts, und dabei entfaltete er eine solche Geschwindigkeit (wie auf einer der Fotografien in diesem Buch zu sehen ist [siehe S. 185]), dass sich sein linker Fuss, der beim Vorbeilaufen an der Kamera in der Luft war, für die Zweitausendstelsekunde einer Aufnahme zu rasch bewegte. Ob die Geschwindigkeit des Vogels an dem unscharfen Bild schuld ist oder ob es vielleicht an einem Zittern des Fusses liegt, diese Entscheidung muss ich Gelehrten überlassen, die sich für die Frage interessieren.

Auch seine Eitelkeit erwachte wieder, und er kümmerte sich mehr um sein Äusseres. Er gehört zu den Pechvögeln, bei denen im Alter der Oberschnabel wächst (möglich, dass dies der Grund für Dianas Treulosigkeit war, denn so etwas ist eine mächtige Waffe); jedenfalls wurde er sich dieser Verunstaltung noch bewusster, und er entwickelte ein besonderes Geschick, ihrer Herr zu werden. Wie ihm das gelingt, das vermochte ich nie zu entdecken, doch alle paar Monate steckt er den langen, scharfen Schnabel wie üblich sorgfältig ins Gefieder, und wenn ich am Morgen seinen Käfig abdecke, ist der Auswuchs verschwunden, und der zugespitzte, blanke Oberschnabel passt fehlerlos auf den unteren. Möglich, dass er den Auswuchs an seinem Jod-Pickstein abwetzt, aber ich habe nach geglückter Operation nie ein abgebrochenes Ende oder auch nur eine Spur schwarzen oder grauen Staub auf dem sandigen Boden oder auf den Anflugstangen seines Käfigs gefunden.

Was Diana anbelangt, so kam sie wohl zur Vernunft, heiratete einen anderen, der vom Alter her besser zu ihr passte, und wurde hoffentlich sehr glücklich.

12

Liebe überwindet alles

Mittlerweile hatte sich meine Gesundheit seit einigen Jahren langsam und stetig verschlechtert. In der Regel begann ich meinen Tag am frühen Morgen mit einer Lesestunde, danach erledigte ich meine Fanpost und machte Besorgungen. Mit der Zeit fand ich es recht anstrengend, mindestens eine halbe Stunde täglich in einem dunklen Winkel zu stehen und das Manschettennest meines Sperlings zu halten (wie ich es in den letzten drei Jahren immer getan hatte).

»Jetzt musst *du* mich pflegen, kleiner Timmy«, sagte ich zu ihm, als ich mich eines Nachmittags müde zu Bett legte; und so unglaublich es mir heute auch noch vorkommt, er schien die Lage zu begreifen, denn nachdem er einige Minuten feierlich und ganz still, wie um über die Angelegenheit nachzudenken, über meinem Toilettentisch gesessen hatte, flog er ruhig zu mir aufs Bett. Unter der Daunendecke höhlte ich ihm eine gemütliche kleine Nische in einer Falte des Lakens aus; wenn ich ihn dazu bringen konnte, sie als Ersatznest gelten zu lassen, sollte es mir möglich sein, ihn zu bewachen, während ich mit halbgeschlossenen Augen still dalag. Zu meiner Überraschung lief er sofort hinein, ordnete das Nest nach seinem Geschmack um, kuschelte sich ohne weiteres hinein, und dann schliefen wir beide in der stillen Stunde, in der die wildlebenden Vögel Mittagsruhe halten.

Aber ach, auch er wurde alt, wie ich nur allzugut wusste: Wenn Clarence' zwölf Lebensjahre als guter Durchschnitt für die Lebensspanne eines Haussperlings gelten dürfen, entsprach Timmys Lebenserwartung bei einem Alter von schätzungsweise neuneinhalb Jahren ziemlich genau der meinen mit siebzig drei viertel Jahren. Doch obwohl er merkbar kleiner war als zu Beginn unserer Bekanntschaft, weniger wog und viel von seinem aristokratischen, hochmütigen und gönnerhaften Wesen abgelegt hatte (gerade das hatte ihn in seiner Jugend und in der Blüte seiner Jahre ausgezeichnet), war er immer noch ein wunderschöner und farbenprächtiger kleiner Vogel voller Leben und Tatkraft. Seine stets zunehmende Intelligenz und sein wachsendes Verständnis für alle Wechselfälle unseres Zusammenlebens waren für mich nicht nur eine Quelle fortdauernder Beglückung geworden, sondern auch eine Offenbarung. Er hatte mit den Jahren einen milderen, gütigeren Charakter bekommen, wie ich es auch von mir selbst erhoffe.

Alle Prüfungen sollten unseren Glauben und unsere Nachsicht verstärken, wenn wir uns ihren geistigen Wert in unserem Leben klarmachen, und während ich das letzte Kapitel dieses Büchleins schreibe, kann ich Gott nur dafür danken, dass Er mir durch meine kürzlich überstandene Krankheit Gelegenheit gegeben hat, ein reicheres und erfüllteres Leben zu geniessen, jetzt, da ich nicht nur das Gittertor erreicht, sondern es auch durchschritten habe und im weiten grünen Tal des Alters dem Weg folge, der sich friedlich am »Wasser des Trostes« entlangschlängelt.

Es ist jetzt der Spätsommer 1961, und viele unerwartete Dinge sind meinem kleinen Gefährten und mir widerfahren. Nach einem nächtlichen Herzinfarkt verbrachte ich dreizehn glückliche Wochen in einem wunderbaren Sanatorium, aus dem ich vor kurzem entlassen wurde. Zwischenzeitlich war ich tatsächlich tot, und dass ich doch wieder zum Leben erweckt wurde, kann ich nur als kleines Wunder betrachten.

Als sich dieser plötzliche und ganz unerwartete Notfall ereignete, wurde Timmy sogleich zu Mrs. Hillyard, meiner Nachbarin, gebracht, die meinen kleinen Freunden stets Pflegemutter und rettender Engel war. Ich wusste, dass er bei ihr glücklich sein würde. Was mich betraf, so bewahrten mich meine hochintelligenten Gefährtinnen im Krankensaal und die reizenden Schwestern und Pfleger davor, ihn allzusehr zu vermissen.

Nach allem, was ich bei meiner Heimkehr über ihn hörte, hatte er sich während meiner Abwesenheit sogar sehr des Lebens erfreut. Er war von der ganzen Familie verwöhnt worden, und man hatte ihn bei jeder Mahlzeit von allen Tellern mit Lekkerbissen gefüttert. Da Keith, der älteste Sohn des Hauses, mit Vorliebe fotografiert und seine Werke gern im Wohnzimmer auf einer Leinwand vorführt, konnte Timmy fast jeden Abend sozusagen ins Kino gehen. Dieses Vergnügen war aber wahrscheinlich an ihn verschwendet, denn Vögel scheinen Bilder überhaupt nicht zu bemerken, und wenn sie daran Interesse nehmen, so dürfte es sich auf ihr eigenes Spiegelbild im Glas beschränken.

Sicher störte er jedoch die dramatischsten Augenblicke mit Zwischenrufen und, ganz die heutige Jugend, verzehrte er während der Vorstellung Hanfsamen und verschiedene andere Leckereien. Und bestimmt unterhielt er sich auch unaufhörlich mit Bunty, dem lärmigen und etwas plebejischen blauen Wellensittich, der den sanften, vornehmen, heissgeliebten und lange betrauerten Georgie, der vor einigen Jahren plötzlich gestorben war, ersetzt hatte. Ich denke, die beiden durften ihre Anschauungen und Meinungsverschiedenheiten nach Herzenslust äussern, und sie belustigten sich wahrscheinlich mit einem nie nachlassenden Wortstreit, mit dem sie nicht nur sich selbst, sondern auch ihre Pfleger und Zuhörer unterhielten.

Die Leser können sich wohl vorstellen, dass mich der Gedanke, wie Timmy auf meine Heimkehr nach so langer Abwesenheit reagieren würde, mit ängstlicher Besorgnis erfüllte. Dass er mich wiedererkennen würde, daran zweifelte ich keinen Augenblick, denn Vögel vergessen nie die Freunde, die sie einmal geliebt haben. Aber würde ihm die fröhliche Gesellschaft der lustigen kleinen Familie fehlen, die ihn während dreizehn langer, ereignisreicher und aufregender Wochen gehätschelt und verwöhnt hatte, und vor allem auch die häufigen Gelegenheiten, mit einem ausserordentlich lauten und selbstbewussten kleinen Gefährten zu streiten (wie Spatzen es gern tun)?

Würde er glücklich oder sogar zufrieden zu dem sanften Licht und der vertrauten, einzelgängerischen Gesellschaft zurückkehren, die er so lange an diesem stillen Rückzugsort genossen hatte? Ich war überzeugt, dass er mich noch liebte; aber eine interessante Frage war es, wie rasch er sich in diese ruhige, beschauliche Atmosphäre wieder eingewöhnen würde, deren Stille nur selten von der anregenden Musik meines Klaviers durchbrochen werden wird, auf dem ich wahrscheinlich für längere Zeit nicht mehr spielen kann.

Der einzige grosse Vorteil, der (so wagte ich zu hoffen) für so viel Entbehrung entschädigen könnte, wäre die tägliche Gesellschaft, die ich ihm aufgrund meiner eingeschränkten Aktivitäten nun fast ununterbrochen bieten konnte. Aber er war immer noch eine starke, tatkräftige und ungestüme kleine Persönlichkeit, und ich fragte mich ängstlich, wie ich ihm all das Verlorene nun ersetzen sollte.

Einen ganzen Tag und eine Nacht hielt ich mich zuerst allein im Hause auf, so dass mir Zeit blieb, über die Freuden, Kümmernisse und möglichen Enttäuschungen der Wiedervereinigung mit meinem kleinen Freund nachzusinnen. Dann wurde er hereingebracht, mitten auf mein Bett gesetzt, und ohne ihm ein Wort der Begrüssung zu gönnen, machte ich die Tür seines Käfigs auf und nahm still die Hülle weg.

Und jetzt sollte ich wieder einmal erfahren, genau wie einst mit meinem ersten geliebten Sperling, wie überraschend und unerwartet diese Vögel in der Gefangenschaft auf plötzlich veränderte Umstände reagieren. Timmy beachtete mich überhaupt nicht, sondern tat seine Überzeugung kund, dass Sauberkeit keineswegs gleich nach Gottesfurcht kommt, sondern – zumal sein Gott (oder vielmehr seine Göttin) bloss eine Menschenfrau war – auf jeden Fall Vorrang haben sollte, indem er sofort zu seinem berühmten Blumentopf-Untersatz auf dem Büchergestell beim Fenster flog und sich sechsmal (oder war es siebenmal?) im Jordan wusch.[23]

Dann drehte er sich um, schüttelte sich heftig, putzte sein Gefieder von oben bis unten, wie um Anstand und Höflichkeit zu wahren, flog zu meinem Bett und trocknete sich an meinem Haar ab.

Danach setzte er sich auf seinen bevorzugten Beobachtungsturm, nämlich auf das Bild über dem Spiegel an meinem Toilettentisch, und dort blieb er einige Minuten still sitzen, wie in Gedanken vertieft. So zielgerecht und plötzlich, wie der Pfeil den Bogen eines geübten Schützen verlässt, flog er dann schnell zu mir und bearbeitete mein Gesicht, bis wir beide erschöpft waren.

Fast zu Tränen gerührt, nahm ich die altbekannte Wildlederjacke, stellte mich schweigend an der Stelle auf, wo sein Baum gewachsen war, wie er immer geglaubt hatte, rief ihn beim Namen und forderte ihn auf, zu dem Nest heimzukommen, das wir so oft stumm geteilt hatten. Im Nu war er bei mir, und in alter, unerschütterlicher Liebe und Treue schaute er zu mir auf. Wenn jemals ein kleiner Vogel mit den Augen gesprochen hat, so Timmy in dieser Stunde, die für uns beide ein Erlebnis war, und die Worte, die er sprach, lauteten bestimmt:

»Sie hat sich nicht verändert. Sie gehört mir, und ich gehöre ihr, denn ich weiss, wem ich glauben darf.«

Epilog

Hier endet, wenigstens vorläufig, Timmys Lebensgeschichte. Ich betrachte es als eine besondere Leistung, dass es mir gelungen ist, die Zuneigung dieses temperamentvollen kleinen Vogels gewonnen (und sie mir alles in allem bis heute bewahrt) zu haben, denn er hat seine Kindheit unter seinesgleichen verbracht und hegt aller Wahrscheinlichkeit nach noch Erinnerungen daran. Bei seinem sanften Vorgänger lag der Fall ja anders, weil er gar keine Kindheitserinnerungen hatte, als er zu mir kam. Dennoch steht es mir als blosser Beobachterin und Liebhaberin des gemeinen Sperlings nicht zu, eine wissenschaftliche Bewertung der beiden vorzunehmen.

Es gibt eine Legende, die ich sehr gern habe, obwohl ich nicht weiss, von wem ich sie gehört habe. Als die Erde nach dem Sündenfall mit einem Fluch belegt wurde, verblieben zwar viele Vögel, und einige wurden grausame Raubtiere, aber eine grosse Schar flog zum Himmel empor. Sie alle waren zwar gezwungen, zurückzukehren, um Nahrung und Schutz auf der Erde zu suchen, und so dem Verfall und dem Tod ausgesetzt, aber sie behielten ihre Gaben und ihre Erinnerungen an den Garten Eden, und so singen sie bis auf den heutigen Tag zur Freude und zum Trost der Menschheit.

Das ist eine hübsche Geschichte, und wenn ich bedenke, wie viele herrliche Gedichte der Weltliteratur – vor allem in unserer eigenen Sprache – von Vögeln inspiriert worden sind, scheint es mir, dass der Born der Poesie und Schönheit, der in der Seele eines jeden von uns tief verborgen ist (mögen wir auch nichts davon ahnen), versiegen und Einöde werden könnte, wenn die Vögel von der Erde verschwänden.

Ich denke immer – und sicher werden viele meiner Leser darin mit mir übereinstimmen –, dass Menschen, die keinen Glauben an Gott und an die Zukunft haben, im Souterrain des Daseins leben, wo ihnen der Ausblick verwehrt ist. Nicht dass das Souterrain ganz und gar zu verachten wäre, denn es kann Schätze der Wissenschaft, der Geschichte, der Forschung, der Überlieferung, der Erfahrung und der Erinnerung enthalten, die unbezahlbar sind. Aber wir dürfen dort nicht *verweilen,* denn im Obergemach, wo die Liebe Gast und Meister ist, wird unser Seelenleben genährt.

Wenn ich nun aus den hohen Fenstern meines Lebenshauses schaue, über die Grenzen dieser kleinen Erde hinaus – über die der jüngste Sputnik »wie eine grillenhafte Motte dahinfährt«[24] und von der Raumfahrer zu den Sternen streben, ohne den ewigen Vorsatz Gottes auch nur um den Bruchteil einer Sekunde behindern zu können –, über das Atomzeitalter, das Weltraumzeitalter und alle zukünftigen Zeitalter hinaus, kann ich im neuen Himmel und auf der neuen Erde immer noch die Vögel sehen, wenn wir, in den treffenden Worten von C. S. Lewis, »leben werden, um uns an die Galaxien als eine alte Geschichte zu erinnern«[25].

Anmerkungen

1 C.S. Lewis. *Über den Schmerz*. Aus dem Englischen von Hildegard und Josef Pieper. München: Kösel 1978, S. 90.

2 Ludwig Koch, deutsch-britischer Ornithologe und Tierstimmensammler (1881–1974).

3 Beatrice Harrison, britische Cellistin (1892–1965).

4 Figuren in George du Mauriers Roman *Trilby*. Svengali verführt und beherrscht das junge Mädchen Trilby und macht aus ihr mittels Hypnose eine berühmte Sängerin.

5 William Wordsworth. *Peter Bell* (1819).

6 Len Howard. *Birds as Individuals*. London: Collins 1952. Deutsch: *Alle Vögel meines Gartens. Geheimnisse des Vogellebens*. Aus dem Englischen von Hans Zehrer. Stuttgart: Franckh 1954.

7 Rudyard Kipling. »Wenn –«. In: *Die Ballade von Ost und West. Selected Poems/Ausgewählte Gedichte*. Übersetzt von Gisbert Haefs. Zürich: Haffmans 1992, S. 259.

8 Anspielung auf 2 Kön 4,18ff.

9 Beau Nash, britischer Dandy (1674–1761).

10 Im Englischen »Are not two sparrows sold for a farthing …«, dem der Originaltitel des Buches entlehnt ist.

11 Mt 10,29.

12 Mt 10,31.

13 Wladimir von Pachmann, russischer Pianist (1848–1933).

14 Engl. für Tapeziernagel.

15 Tony Soper, britischer Naturforscher und Autor (*1929).

16 Adolph von Henselt (1814–1889), deutsch-russischer Komponist.

17 Royal Society for the Prevention of Cruelty to Animals, die älteste Tierschutzorganisation der Welt.

18 Anspielung auf den Roman *Far from the Madding Crowd* (1874) von Thomas Hardy. Dt.: *Fern vom Treiben der Menge.* Aus dem Englischen von Helga Schulz. Berlin: Aufbau 1999.

19 Anne Britton. *Blackie.* London: Frederick Muller 1958.

20 Oliver Lodge, britischer Physiker (1851–1940).

21 Spiritistische Wochenschrift, 1897 in Manchester begründet.

22 »Spirit Return of World's most famous Sparrow«.

23 Anspielung auf 2 Kön 5,10.

24 Dante Gabriel Rossetti. »The Blessed Damozel« (1850).

25 C. S. Lewis. »Membership«. In: *The Weight of Glory and Other Addresses.* New York: Harper Collins 1949.

Fotonachweis

Seiten 8, 29, 48, 50, 52, 58, 65, 71, 86, 90, 109, 119, 125: Kenneth Gamm
Seiten 134, 181–185, 202–206, 223: Robert Pitt
Seite 194: unbekannt
Seiten 195, 201: Keith Raymond Hillyard